KB094345

틈만 나면 보고 싶은
융합 과학 이야기

아리와 랑이,
우주로 출발!

틈만 나면 보고 싶은 융합 과학 이야기
아리와 랑이, 우주로 출발

초판 1쇄 발행 2016년 12월 2일
초판 2쇄 발행 2019년 6월 15일

글 김유리 | **그림** 김영진 | **감수** 구본철

펴낸이 이욱상 | **창의1실장** 강희경 | **책임편집** 최지연
표지 디자인 목진성 | **본문 편집·디자인** 구름돌
사진 제공 Getty Images/이매진스, 한국항공우주연구원

펴낸곳 동아출판㈜ | **주소** 서울시 영등포구 은행로 30 9층
대표전화(내용·구입·교환 문의) 1644-0600 | **홈페이지** www.dongapublishing.com
신고번호 제300-1951-4호(1951. 9. 19.)

ISBN 978-89-00-40984-0 74400   978-89-00-37669-2 74400 (세트)

틈만 나면 보고 싶은
융합 과학 이야기

아리와 랑이, 우주로 출발!

글 김유리 그림 김영진
감수 구본철(전 KAIST 교수)

동아출판

미래 인재는 창의 융합 인재

이 책을 읽다 보니, 내가 어렸을 때 에디슨의 발명 이야기를 읽던 기억이 납니다. 그때 나는 에디슨이 달걀을 품은 이야기를 읽으면서 병아리를 부화시킬 수 있을 것 같다는 생각도 해 보았고, 에디슨이 발명한 축음기 사진을 보면서 멋진 공연을 하는 노래 요정들을 만나는 상상을 하기도 했습니다. 그러다가 직접 시계와 라디오를 분해하다 망가뜨려서 결국은 수리를 맡긴 일도 있었습니다.

지금 와서 생각해 보면 어린 시절의 경험과 생각들은 내 미래를 꿈꾸게 해 주었고, 지금의 나로 성장하게 해 주었습니다. 그래서 나는 어린 학생들을 만나면 행복한 것을 상상하고, 미래에 대한 꿈을 갖고, 꿈을 향해 열심히 도전하고, 상상한 미래를 꼭 실천해 보라고 이야기합니다.

어린이 여러분의 꿈은 무엇인가요? 여러분이 주인공이 될 미래는 어떤 세상일까요? 미래는 과학 기술이 더욱 발전해서 지금보다 더 편리하고 신기한 것도 많아지겠지만, 우리들이 함께 해결해야 할 문제들도 많아질 것입니다. 그래서 과학을 단순히 지식으로만 이해하는 것이 아니라, 세상을 아름답고 편리하게 만들기 위해 여러 관점에서 바라보고 창의적으로 접근하는 융합적인 사고가 중요합니다. 나는 여러분이 즐겁고 풍요로운 미래 세상을 열어 주는, 훌륭한 사람이 될 것이라고 믿습니다.

동아출판 〈틈만 나면 보고 싶은 융합 과학 이야기〉 시리즈는 그동안 과학을 설명하던 방식과 달리, 과학을 융합적으로 바라볼 수 있도록 구성되었습니다. 각 권은 생활 속 주제를 통해 과학(S), 기술공학(TE), 수학(M), 인문예술(A) 지식을 잘 이해하도록 도울 뿐만 아니라, 과학 원리가 우리 생활을 편리하게 해 주는 데 어떻게 활용되었는지도 잘 보여 줍니다. 나는 이 책을 읽는 어린이들이 풍부한 상상력과 창의적인 생각으로 미래 인재인 창의 융합 인재로 성장하리라는 것을 확신합니다.

전 카이스트 문화기술대학원 교수 구본철

함께 우주로 출발!

우리 눈에는 다 보이지 않지만 우주에는 별, 행성, 은하, 블랙홀 등 수많은 천체들이 있어요. 우리가 살고 있는 지구는 태양의 둘레를 도는 태양계의 행성 중 하나일 뿐이에요. 그리고 태양계는 은하를 구성하는 수십억 개의 별 가운데 하나일 뿐이지요. 그 은하도 우주를 이루고 있는 수십억 개의 은하 가운데 하나일 뿐이랍니다. 그만큼 우주는 끝을 짐작할 수 없을 만큼 드넓은 곳이에요. 그리고 무궁무진한 비밀을 가지고 있는 곳이기도 하지요.

그래서인지 옛날부터 사람들은 지구 밖 우주를 늘 궁금해했어요. 그래서 망원경을 발명해서 밤하늘을 관찰하고 우주선을 만들어 우주로 쏘아 올렸어요. 우주 정거장을 만들어 우주에 관한 실험을 하기도 하고 다른 별에 탐사선을 보내 별을 탐사하기도 해요. 많은 사람들의 연구와 노력 덕분에 우주를 향한 궁금증은 점점 풀리고 있어요.

우주 비행사의 꿈을 키우던 아리와 랑이는 꿈에 그리던 어린이 우주 탐사 대원이 되었어요. 아리와 랑이는 우주 탐사를 떠나기 전에 로봇 대장 삐에게 우주에 관한 다양한 이야기를 듣게 돼요. 그리고 실제로 우주선을 타고 우주로 날아가지요.

아리와 랑이는 우주를 구경하고 우주에 대해 더 알아보며 지금껏 알지 못했던 신비로운 우주의 모습에 감탄해요.

아리와 랑이는 대장 삐와 함께 우주 정거장을 방문해서 여러 가지 모듈을 구경하기도 하고, 태양계 행성들을 탐구하기도 해요.

우주 탐사

1장 우주를 파헤쳐라
과학) 우주 탐구와 태양계 행성들

2장 우주의 크기를 측정하라
수학) 우주의 거리

3장 우주 탐사를 떠나자
기술공학) 우주 과학 기술과 탐사선

4장 영화 속 우주를 만나 보자
인문예술) 영화로 보는 우주

이 책에 담긴 흥미진진한 우주 탐사 이야기는 우주를 좋아하는 어린이가 우주 과학을 이해하는 데 많은 도움이 될 거예요. 여러분도 어린이 우주 탐사 대원 아리와 랑이와 함께 신비한 우주로 멋진 탐험을 떠나 보세요!

김유리

차례

1장 우주를 파헤쳐라

2장 우주의 크기를 측정하라

3장 우주 탐사를 떠나자

4장 영화 속 우주를 만나 보자

1장

우주를 파헤쳐라

우주 탐사 대원이 된 아리와 랑이

여기는 2100년 대한민국 우주 연구소. 많은 지원자 중에서 당당히 어린이 우주 탐사 대원으로 뽑힌 쌍둥이 남매 아리와 랑이가 연구소를 찾아왔어요. 연구소에서 **우주 탐사 준비**를 마치면 아리와 랑이는 꿈에 그리던 우주 탐사를 떠날 거예요.

"안녕하세요? 우주 탐사 대원 아리, 랑이입니다!"

아리와 랑이는 연구소 소장실에 들어서며 **씩씩하게** 인사했어요.

"허허, 목소리가 아주 우렁찬 탐사 대원들이구나."

소장님은 아리와 랑이를 반갑게 맞아 주었어요.

"어린이 우주 탐사 대원이 된 것을 진심으로 축하한다. 씩씩하게 다녀올 각오는 되어 있겠지?"

"네!"

"그럼 오늘부터 우주 탐사가 끝날 때까지 너희와 함께할 대장을 소개하마. 앞으로 우주 탐사에 관해 많은 것을 알려 줄 거야."

소장님 말이 끝나자 연구실 문이 **찡** 소리를 내며 열렸어요.

아리와 랑이는 설레는 마음으로 연구실 문 쪽을 바라보았어요. 놀랍게도 대장은 사람이 아니고 로봇이었어요! 아리와 랑이는 눈이 휘둥그레졌어요.

"자, 너희들의 대장이 되어 줄 로봇 '삐'란다. 삐가 왔으니까 나는 이제 다시 연구실로 돌아가야겠구나. 삐, 대원들을 잘 부탁한다."

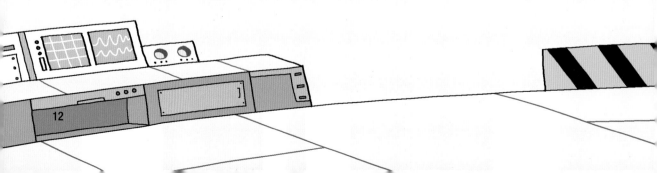

소장님은 아리와 랑이에게 대장을 소개하고 연구실로 들어갔어요.

"안녕? 나는 탐사 로봇 삐야. 지금부터 우주 탐사가 끝날 때까지 너희와 함께 지낼 거야, 삑삑."

삐가 아리와 랑이에게 인사했어요.

"우아, 로봇이 진짜 사람처럼 말을 한다!"

"안에 사람이 들어 있는 거 아니야?"

아리와 랑이는 대장 삐를 둘러싸며 호들갑을 떨었어요.

"앞으로 놀랄 일이 한가득인데 벌써부터 놀라면 어떻게 해? 그리고 나는 로봇이 아니고 대장이야. 앞으로 대장이라고 불러."

"알겠어, 대장!"

아리와 랑이는 놀랍고 신나는 마음에 **우렁찬** 목소리로 대답했어요.

"우주 탐사를 떠나기 전에 먼저 우주에 대해 알아 두어야 할 것이 많아. 자, 나와 함께 학습관으로 가자, 삑삑."

선사 시대부터 시작된 우주 탐구

아리와 랑이는 대장을 따라 학습관에 들어갔어요. 학습관에는 크고 작은 망원경과 컴퓨터 모니터가 가득했어요. 아리와 랑이는 신기해서 연신 주위를 **두리번거렸어요.**

"너희들은 사람들이 언제부터 우주를 탐구해 왔는지 알고 있니?"

대장이 아리와 랑이에게 대뜸 질문했어요.

"……."

아리와 랑이는 선뜻 대답하지 못하고 고개만 가로저었어요.

"사람들은 아주 먼 선사 시대부터 우주를 탐구하기 시작했어."

"선사 시대라고? **에이, 거짓말.** 선사 시대 사람들이 어떻게 우주를 연구해? 말도 안 돼."

"선사 시대라면 지금처럼 과학이 발달하지도 않았을 텐데 무슨 방법으로 우주를 탐구했다는 거야?"

아리와 랑이는 의심스러운 눈으로 대장을 보며 말했어요.

"그때는 우주선을 타고 우주로 나갈 수는 없었지만 대신 하늘에서 일어나는 일을 ⓐ심히 관찰했어."

"선사 시대에 하늘을 관찰했는지 어떻게 알아?"

"태양을 기준으로 만들어진 영국의 스톤헨지나 별의 위치를 표기해 놓은 고인돌은 선사 시대의 유적이야. 아주 오랜 옛날부터 사람들은 하늘에서는 어떤 일이 일어나는지, 밤하늘에 **반짝이는** 빛들이 무엇인지 궁금해했어. 그래서 하늘의 움직임을 지켜보면서 그 움직임을 기록했지."

대장은 컴퓨터로 스톤헨지와 고인돌을 보여 주며 말했어요.

"이 유적들은 옛날 사람들이 한 해의 길이를 재거나 농사 시기를 알기 위해 하늘을 관측했던 흔적들이야."

스톤헨지
거대한 돌상들이 원 모양으로 세워진 구조인데, 선사 시대 사람들이 이것을 통해서 하짓날에 해 뜨는 시간과 동짓날에 해 지는 시간을 계산했다고 추측한다.

고인돌
고인돌은 선사 시대의 무덤이다. 우리나라 고인돌 중 덮개돌에 구멍들이 파여 있는 것이 있는데, 이 구멍들은 선사 시대 사람들이 별자리 모양을 판 것이라고 추측되기도 한다.

아리와 랑이는 선사 시대 사람들이 우주에 관심을 가졌다는 것이 놀랍기만 했어요.

"그뿐만 아니라 **고대 이집트**에서는 나일 강의 범람을 미리 알기 위해서 태양의 움직임을 통해서 달력을 만들었어. 범람은 큰물이 넘쳐흐르는 것을 말해. 나일 강이 범람할 때마다 상류에서 기름진 흙이 내려와서 강 주변 땅을 비옥하게 만들어 주었거든. 그래서 그 시기에 맞춰 농사를 지으면 수확량이 아주 많았지. 이집트 인들은 오랜 경험을 통해 나일 강의 범람이 일정한 시기에 일어난다는 것을 알고 달력을 만든 거야. 또 수천 년 전 바빌로니아에서는 눈에 자주 보이는 별들을 묶어서 **별자리**를 만들고, 별을 이용하여 방향을 알아내기도 했지. 우리나라도 삼국 시대에 신라 사람들이 첨성대를 이용해서 별을 관측했다는 기록이 있어."

고대 이집트 인들은 나일 강이 범람하는 시기를 한 해의 시작으로 삼았다.
나일 강은 7월 무렵에 범람하는데, 이 무렵 동쪽 하늘에 시리우스라는 별이 떴다.

대장은 스톤헨지나 고인돌 말고도 우주를 탐구했던 **옛날 유적들을** 차례로 보여 주며 설명했어요.

대장은 옛날 사람들은 하늘의 변화가 모두 신의 뜻에 따라 달라지는 것이라고 믿었으며 우리가 살고 있는 지구가 둥글다는 사실도 알지 못했다고 했어요.

첨성대
경상북도 경주시에 있는 신라 시대의 유적으로, 별을 보기 위해 높이 쌓은 관측대이다.

"그러다가 시간이 많이 흘러서 기원전 6세기가 되어서야 그리스 철학자 아낙시만드로스가 처음으로 지구를 원통형이라고 생각하게 되었어. 아낙시만드로스는 둥근 지구가 가운데에 있고 그 주위를 태양이나 달 등이 돈다고 생각했지. 그 때부터 사람들은 하늘을 신의 영역이 아닌 순수한 과학으로 여기고 연구하게 된 거야."

동서양 사람들 모두 옛날부러 우주에 관심이 많았지.

정말 오래전부러 우주를 탐구했구나.

망원경으로 우주를 본 과학자들

"망원경이 발명되기 전에 천문학자들은 산이나 건물 꼭대기처럼 높은 곳에 올라가서 눈으로 우주를 관찰했어. 지구에서 하늘을 관찰하니 별이 지구를 중심으로 움직이고 있는 것처럼 보였지. 그래서 사람들은 지구가 우주의 중심이라고 생각했어. 그런데 17세기 무렵 망원경을 통해 우주를 관찰하기 시작하면서부터 그게 아니라는 것을 알게 되었지."

대장의 설명에 **귀를 기울이던** 아리가 물었어요.

"정말 궁금해서 그러는데, 망원경으로 처음 우주를 본 사람은 누구야?"

"너희들도 아는 사람일 거야. 처음으로 망원경을 통해 우주를 관찰한 사람은 이탈리아의 갈릴레오 갈릴레이였어."

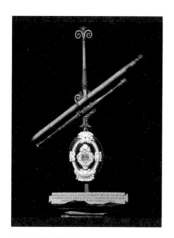

갈릴레이 망원경
1609년에 갈릴레이가 개량하여 만든 망원경이다. 갈릴레이는 이 망원경으로 천체를 관측해 새로운 사실을 알아냈다.

"나도 알아. 천문학자 갈릴레이 말이지?"
랑이가 **으스대며** 아는 체를 했어요.

"맞아. 갈릴레이는 망원경이 발명되었다는 소문을 듣고 그것보다 성능이 좋은 망원경을 직접 만들었어. 그리고 자신이 만든 망원경으로 우주를 관찰하다가 금성이 달처럼 모양이 변한다는 사실을 알게 되었어. 그것은 우주를 탐구하는 데에 정말 **중요한 발견**이었어."

"금성 모양이 변하는 게 왜 중요해?"
아리가 갸웃거리며 물었어요.

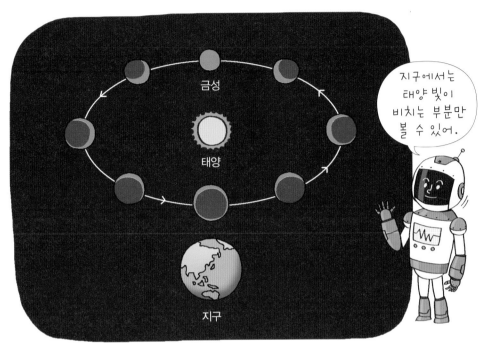

지구에서는 태양 빛이 비치는 부분만 볼 수 있어.

금성이 태양 주위를 돌기 때문에 지구에서 볼 때 모양이 달라 보인다.
지구와의 거리에 따라 지구에서 보이는 금성의 크기도 달라진다.

"금성이 지구 주위를 도는 게 아니라 태양 주위를 돈다는 것을 증명해 주었기 때문이야. 그 발견으로 인해 갈릴레이는 지구도 태양을 중심으로 돌고 있다는 사실을 알게 되었거든."

"우아, 갈릴레이 덕분에 우주의 **커다란** 비밀이 밝혀진 거네!"

랑이가 감탄하며 말했어요. 대장은 계속해서 설명했어요.

"망원경의 발달로 우주를 **더 멀리** 볼 수 있게 되자, 1667년에는 프랑스 파리 천문대가, 1675년에는 영국 그리니치 천문대가 만들어졌어. 그리고 체계적으로 천문을 관찰하기 시작했지. 영국의 천문학자 윌리엄 허셜은 망원경으로 천왕성을 처음 발견하기도 했어."

대장은 허셜이 오랫동안 하늘을 관측해서 오늘날 우리가 알고 있는 우주의 모습을 최초로 그려 낸 사람이라고 알려 주었어요. 허셜은 수천억 개의 별이 띠 모양으로 모여 있는 **별의 무리**를 은하로 보고, 우주가 수많은 은하로 이루어져 있을 거라고 생각했대요.

"망원경의 크기와 성능이 점차 좋아지면서 사람들은 우주에는 거대한 별뿐만 아니라 행성, 위성, 우주 먼지, 블랙홀 등 온갖 종류의 천체와 물체가 있다는 것을 알게 되었어. 블랙홀은 엄청나게 강한 중력으로 무엇이든지 빨아들이는 우주의 검은 구멍이야. 또 우주에는 '우리 은하' 같은 은하가 무수히 많다는 사실도 알게 되었지."

아리와 랑이는 대장의 설명에 고개를 끄덕이며 **신비한 우주**의 세계에 점점 더 빠져들었어요.

어때? 나 허셜이 만든 망원경이야. 길이가 12m나 된다고!

허셜 망원경
허셜이 1789년에 만든 망원경이다. 허셜은 이 망원경으로 토성의 위성을 발견했다.

블랙홀
블랙홀의 중심에서 끌어당기는 힘은 어마어마해서 블랙홀 내부로
들어가면 어떤 것도 그곳을 빠져나올 수가 없다.

대장이 아리와 랑이에게 **갑자기** 물었어요.

"태양계에 있는 행성들에 대해서 좀 알고 있니?"

"아니. 금성이나 화성 같은 이름은 몇 번 들어 본 적이 있는데 헷갈려서

정확히는 모르겠어."

랑이가 머리를 긁적이자 대장이 그 모습을 보고 미소 지으며 말했어요.

"그럼 이제부터 내가 알려 주지. **잘 들어 봐.**"

"응, 어서 알려 줘!"

아리와 랑이는 대장의 말에 귀를 기울였지요.

지구를 닮은 행성들

"**태양계 행성**에는 수성, 금성, 지구, 화성, 목성, 토성, 천왕성, 해왕성이 있지. 태양계 행성은 크게 지구형 행성과 목성형 행성으로 나눌 수 있어. 지구형 행성은 대부분 지구와 크기, 질량이 비슷한 행성이야."

"아, 그럼 목성형 행성은 목성과 비슷한 행성이야?"

"하하, 꼭 그렇지는 않지만 지구보다는 목성에 가까운 행성들이지. 먼저 태양에서 가장 가까운 수성을 살펴보자. 수성은 우리 눈으로는 잘 볼 수 없어. 언제나 태양 옆에서 돌고 있어서 태양의 **밝은 빛**에 가려져 버리기 때문이지."

대장은 아리와 랑이에게 모니터로 수성의 모습을 보여 주었어요.

"지금 보이는 행성이 바로 수성이야. 수성은 반지름이 약 2,439km로, 태양계의 행성 중에서 가장 작아. 중력도 지구보다 작아서 만약 수성에서 위로 펄쩍 뛰어오른다면 지구에서보다 더 높이 뛰어오를 수 있을 거야."

"와, 그럼 정말 **재미있겠는걸.**"

수성

"그리고 수성 표면에는 대기가 거의 없어. 그래서 비바람이 생기지 않고, 대기가 태양 에너지를 가두지 못하니 낮과 밤의 온도 차도 심하지. 수성은 태양과 가장 가까이 있기 때문에 낮에는 온도가 약 430℃나 되지만, 반대로 밤이 되면 영하 180℃까지 떨어져."

대장은 수성이 태양계 행성들 중에서 태양 둘레를 도는 속도가 가장 빠르다고 알려 주었어요. 수성이 태양 둘레를 도는 평균 속도는 초속 47.87km로, 서울에서 부산까지 10초 안에 **쌩** 지나갈 수 있는 속도라고 했어요. 게다가 태양에 바짝 붙어서 돌기 때문에 공전 주기도 매우 짧아서 88일밖에 되지 않는다고도 했어요.

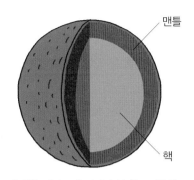

맨틀

핵

수성은 지구보다 작지만 무게는 지구와 비슷하다. 철로 이루어진 커다란 핵이 내부에 있기 때문이다. 수성의 핵은 수성 전체 부피 중 42%나 된다.

"다음에 살펴볼 행성은 금성이야. 금성은 해가 뜨기 전 동쪽 하늘이나 해가 진 후 서쪽 하늘에서 볼 수 있어. 우리가 흔히 샛별이라고 부르지."

대장은 이번에는 금성에 대해 설명해 주었어요.

"금성은 지구와 크기, 질량이 거의 같고 지구에 가까이 있어서 지구와 쌍둥이 별이라고 불리기도 해. 하지만 금성을 자세히 관찰해 보면 지구와 그다지 닮지 않았어. 가장 큰 차이는 바로 하루의 길이야. 지구의 하루는 24시간이지만 금성의 하루는 무려 243일이나 돼. 자전 방향도 지구와 반대여서 지구에서는 태양이 동쪽에서 떠서 서쪽으로 지지만, 금성에서는 태양이 서쪽에서 떠서 동쪽으로 진단다."

대장은 금성의 크기가 지구와 거의 비슷하기 때문에 옛날에는 과학자들이 금성에 생명체가 살고 있을 거라고 생각했다고 알려 주었어요. 하지만 금성을 덮고 있는 두꺼운 구름 때문에 오늘날에도 금성을 탐사하기가 쉽지 않다고 말했어요.

금성과 지구
금성의 반지름은 약 6,052km이고 지구의 반지름은 약 6,378km로 크기가 서로 비슷하다.

"금성을 덮고 있는 **두꺼운 구름**은 무슨 구름이야?"

아리가 궁금해하며 물었어요.

"저것은 황산 구름이야. 금성의 대기는 아주 두꺼운 이산화탄소로 가득해. 이 이산화탄소가 두꺼운 이불처럼 금성을 감싸고 있어서 태양으로부터 오는 뜨거운 열에너지를 그 안에 붙잡아 두지. 그걸 온실 효과라고 해. 그래서 금성의 온도는 475℃ 정도로 납이 **녹아내릴** 만큼 엄청 뜨겁지. 태양계 행성 중 가장 온도가 높은 금성에는 화산이 유난히 많아. 이 화산들은 지금도 활동이 활발해서 금성은 화산에서 나오는 노란 황산 구름으로 뒤덮이게 된 거야."

대장은 모니터로 또 다른 행성을 보여 주었어요.

"이 행성은 지구 절반만 한 크기지만 제2의 지구라고 할 정도로 지구와 비슷한 점이 많아. 바로 화성이야."

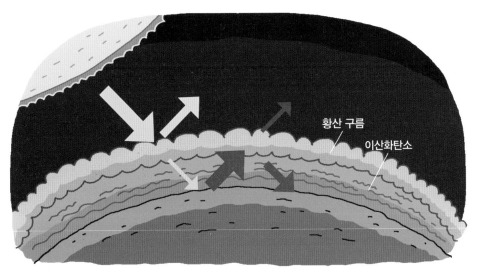

금성의 온실 효과
두꺼운 이산화탄소층이 태양열과 표면의 복사열을 밖으로 빠져나가지 못하게 하여
금성의 표면 온도가 높다.

"화성? 어떤 점이 지구와 비슷한데?"

아리는 고개를 갸우뚱거리며 물었어요. **붉은 황토색**으로 보이는 화성은 지구와 별로 닮아 보이지 않았기 때문이에요.

"화성의 하루는 약 24시간 37분으로 지구와 거의 비슷해. 또 자전축이 25°로 기울어져 있어서 지구처럼 계절의 변화가 있어."

"정말 화성은 지구와 닮은 점이 **많구나!**"

"하지만 화성의 계절은 지구보다 두 배 정도 길어. 화성의 공전 주기가 687일로, 지구의 2배 정도 되기 때문이야."

목성을 닮은 행성들

목성

태양계 행성 중 가장 큰 목성이다!

"이번엔 목성형 행성들을 살펴보자. 목성은 태양계 행성 중에서 제일 큰 행성이야. 지구보다 11배나 크고 무게는 318배나 더 **무거워.**"

대장은 아리와 랑이에게 목성을 보여 주었어요. 목성은 한눈에 보기에도 지금까지 본 행성들 중 가장 커 보였어요.

"목성은 거대해서 다른 행성보다 느릴 거라고 생각할지 모르지만 지구보다 빠르게 돌아. 지구의 하루는 24시간이지만 목성의 하루는 9시간 56분이야. 그리고 목성은 **가스로 이루어진 행성**이야. 내부에 작은 고체 핵이 있고, 그 주위에 수소와 헬륨 가스가 뭉쳐 있지."

"우아, 저렇게 커다란 행성이 가스로 되어 있다니!"

아리는 놀라워하며 목성을 더 열심히 살펴보았어요.

대장은 아리와 랑이에게 또 다른 행성을 보여 주었어요.

"와, 예쁘다!"

아리와 랑이는 행성을 보자마자 동시에 소리쳤어요.

"이것은 토성이야. 토성은 고리가 참 예쁘지. 토성 하면 누구라도 아름다운 고리를 먼저 떠올릴 거야. 토성에만 고리가 있는 건 아니지만 눈에 바로 띌 만큼 크고 선명한 고리는 토성만 가지고 있어."

토성

"다른 행성들은 헷갈려도 토성은 고리 덕분에 헷갈리지 않겠어."

랑이가 웃으며 말했어요.

"그래, 맞아. 토성은 목성 다음으로 큰 행성이야. 토성도 목성처럼 기체로 이루어져 있어서 크기에 비해서 무척 가벼워. 태양계에서 가장 가벼운 행성이지. 만약 토성을 커다란 바다에 집어넣는다면 가라앉지 않고 물에 둥둥 떠오를 거야."

"와, 그렇게 큰데 물에 뜰 수 있다니 정말 신기하다!"

아리가 감탄했어요.

"또 토성은 태양을 도는 궤도가 길어서 공전 주기가 29년이 넘어. 그래도 자전 속도는 목성만큼이나 빨라서 자전하는 데 10시간 38분밖에 걸리지 않지."

물 위에 둥둥!
어때, 나 수영 잘하지?

대장은 토성도 목성과 마찬가지로 자전 속도가 빨라서 표면에 있는 구름들이 *빠른 속도로* 몰아치고 있다고 설명해 주었어요.

"태양에서 멀리 떨어져 있는 토성은 태양과 가장 가까운 때에도, 태양과의 거리가 13억 5,000만 km 정도야. 태양에서 지구까지의 거리와 비교하면 거의 9배나 더 먼 거리지. 그렇기 때문에 토성의 온도는 영하 170℃ 정도로 모든 것이 꽁꽁 얼어붙을 만큼 추워."

"영하 170℃라니 상상할 수도 없는 추위야."

랑이가 몸을 부르르 떨며 말했어요.

"그래도 난 토성에 한번 가 보고 싶어. 특히 저 멋진 고리를 가까이에서 보고 싶어."

아리가 토성의 고리를 바라보며 말했어요.

그러자 대장이 토성의 고리를 확대한 사진을 보여 주었어요.

"토성의 고리는 **크고** 작은 얼음 조각으로 이루어져 있어. 멀리서 보면 하나의 띠처럼 보이지만 사실 여러 개로 나누어져 있지. 이들 각 고리는 발견된 순서대로 알파벳으로 나누어 구분하고 있어. 고리와 고리 사이에는

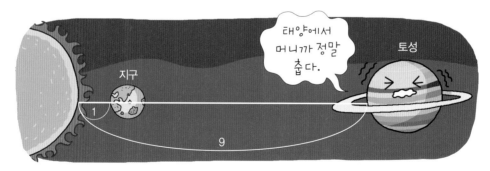

태양과 지구와의 거리를 1로 본다면 태양과 토성과의 거리는 9이다. 토성은 지구보다 태양으로부터 9배 정도 더 먼 곳에 있다.

거대한 틈이 있는데 그 틈을 '카시니 틈'이라고 부르지."

대장은 파랗게 빛나는 예쁜 행성도 보여 주었어요.

"이번엔 토성보다 **멀리** 있는 천왕성에 대해 알아보자."

"파란색이 정말 예쁜 행성이네!"

아리가 천왕성을 보며 감탄했어요.

"응. 천왕성은 지구처럼 아름다운

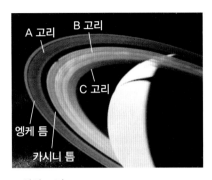

토성의 고리
고리 중에 잘 보이는 것은 A, B, C 고리이다. A와 B 고리 사이에는 폭이 수천 km나 되는 카시니 틈이 있고, A 고리에는 엥케 틈이라고 불리는 공간이 있다.

파란색이야. 천왕성도 대기가 주로 수소와 헬륨, 메탄 등으로 이루어져 있어. 천왕성이 파란색으로 보이는 이유는 대기의 가장 윗부분에 메탄 구름이 많기 때문이야. 메탄 구름이 태양의 붉은빛을 흡수하고 파란빛을 반사해서 파란색을 띠는 거야."

아리와 랑이는 망원경으로 천왕성을 자세히 관찰했어요. 파란색의 천왕성은 **참 아름다운** 모습이었어요.

천왕성

"천왕성은 공전 속도가 느려서 태양을 한 바퀴 도는 데 약 84년이나 걸려. 그런데 공전 속도는 느리지만 자전은 빨라서 하루가 약 17시간이야. 지구보다 하루가 훨씬 짧지?"

"태양에서 멀리 떨어져 있으니 공전 주기가 엄청 길구나."

랑이가 **놀라워하며** 말했어요.

"천왕성의 큰 특징은 자전축이 98°나 기울어져 있다는 거야. 그래서 천왕성은 거의 누운 채로 태양 주위를 돌고 있어. 지구를 포함한 태양계의 행성들 대부분이 자전축이 조금씩 기울어져 있지만 아예 옆으로 누운 행성은 천왕성뿐이야."

"왜 천왕성만 자전축이 많이 **기울어져 있는 거야?**"

랑이가 고개를 갸우뚱하며 물었어요.

태양계 행성들의 자전축이야. 저마다 기울기가 다르지.

수성 약 0.1°

금성 약 177°

지구 약 23.5°

화성 약 25°

목성 약 3°

토성 약 27°

천왕성 약 98°

해왕성 약 29°

대장은 천왕성의 자전축이 많이 기울어진 이유가 아주 오래전에 천왕성에 거대한 **충돌**이 있었기 때문으로 추측된다고 말해 주었어요.

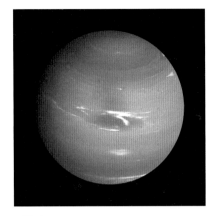
해왕성

그리고 대장은 천왕성보다 더 파랗게 보이는 행성을 하나 더 보여 주었어요.

"자, 이제 태양계의 마지막 행성인 해왕성을 살펴보자. 태양에서 가장 멀리 떨어진 해왕성의 공전 주기는 무려 165년이나 돼. 해왕성의 대기도 천왕성과 비슷하게 수소, 헬륨, 메탄으로 이루어져 있지. 그래서 해왕성도 메탄 구름 때문에 **파랗게** 빛나는 거야."

"우아, 해왕성도 정말 아름다운 행성이구나!"

아리와 랑이는 맑은 호수처럼 예쁜 해왕성을 보며 감탄했어요. 대장은 계속해서 설명을 이어 나갔어요.

"태양계 행성들은 대부분 그 행성 둘레를 도는 위성을 가지고 있단다. 지구의 달처럼 말이야. 해왕성도 여러 개의 위성을 가지고 있어. 그중 '트리톤'이라는 위성이 가장 큰데, 트리톤은 공전 방향이 해왕성의 공전 방향과 반대야. 그런데 그 이유는 아직 아무도 풀지 못했어."

그러자 아리와 랑이가 눈을 반짝이며 말했어요.

"그럼 우리가 그 **수수께끼**를 풀 테야!"

아리와 랑이는 대장의 설명을 들을수록 우주가 더 궁금해졌지요.

태양계 행성 소개

수성

태양과의 거리	5,790만 km
공전 주기	88일
반지름	2,439km
질량	지구의 0.06배
자전 주기	59일
위성 수	0
고리	없음

지구

태양과의 거리	1억 4,960만 km
공전 주기	365일
반지름	약 6,378km
질량	6×10^{24}kg
자전 주기	24시간
위성 수	1
고리	없음

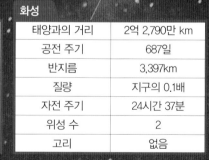

금성

태양과의 거리	1억 820만 km
공전 주기	224일
반지름	6,052km
질량	지구의 0.8배
자전 주기	243일
위성 수	0
고리	없음

화성

태양과의 거리	2억 2,790만 km
공전 주기	687일
반지름	3,397km
질량	지구의 0.1배
자전 주기	24시간 37분
위성 수	2
고리	없음

목성

태양과의 거리	7억 7,830만 km
공전 주기	12년
반지름	71,492km
질량	지구의 318배
자전 주기	9시간 56분
위성 수	63
고리	있음

천왕성

태양과의 거리	28억 7,500만 km
공전 주기	84년
반지름	25,559km
질량	지구의 15배
자전 주기	17시간 14분
위성 수	27
고리	있음

토성

태양과의 거리	14억 2,940만 km
공전 주기	29년
반지름	60,268km
질량	지구의 95배
자전 주기	10시간 38분
위성 수	60
고리	있음

해왕성

태양과의 거리	45억 km
공전 주기	165년
반지름	24,764km
질량	지구의 17배
자전 주기	16시간
위성 수	14개
고리	있음

* 태양과의 거리는 태양으로부터 떨어진 평균 거리입니다.

 태양계란 무엇일까?

 태양계는 태양이 영향을 끼치는 주위의 공간과 태양과 행성, 위성, 소행성, 혜성 등 그 공간을 이루고 있는 구성원을 통틀어 이르는 말이다. 태양계에는 태양의 주위를 빙빙 도는 행성이 총 8개 있다. 태양에서 가까운 순서대로 수성, 금성, 지구, 화성, 목성, 토성, 천왕성, 해왕성 순이다. 이전에는 명왕성도 태양계의 행성에 포함되었으나, 명왕성의 크기나 특징 등이 다른 행성들과 많이 달랐기 때문에 2006년에 태양계 행성에서 제외되었다.

 우주 탐사를 하는 까닭은 무엇일까?

 사람들이 오래전부터 우주를 관찰하고 탐사했던 이유는 우주에 대한 호기심을 해결하기 위해서였다. 우주는 매우 크고 신비로워 아직 밝혀지지 않은 수수께끼를 많이 가지고 있다.
사람들이 우주를 탐사하는 또 다른 이유는 지구의 자원이 한정되어 있기 때문에 다른 행성에 자원이 있는지 알아내기 위해서이다. 다른 행성의 자원을 이용할 수 있다면 지구 발전에 매우 큰 도움이 될 것이다. 또 다른 행성에도 우리와 같은 생명체가 살고 있는지 알아보기 위해서 우주를 탐사하기도 한다.

| 지구의 자전으로 어떤 현상이 나타날까?

 | 지구는 스스로 도는 자전을 하기 때문에 낮과 밤이 번갈아 나타난다. 지구가 자전하면서 우리가 있는 지역이 태양 쪽을 향하게 될 때는 태양 빛을 받아 밝은 낮이 된다. 반대로 우리가 있는 지역이 태양이 비치지 않는 쪽을 향할 때는 태양 빛을 받지 못해 어두운 밤이 된다. 또한 지구가 자전하기 때문에 지구에서 보면 우주에 있는 별이 지구가 자전하는 반대 방향으로 움직이는 것처럼 보인다.

 | 토성의 고리는 무엇으로 이루어졌을까?

 | 토성의 고리는 아주 작은 얼음 조각부터 자동차보다 큰 얼음덩어리까지 다양한 크기의 수많은 얼음으로 이루어져 있다. 멀리서 보면 토성의 고리는 마치 하나의 원반처럼 보이지만 사실은 공전 속도가 서로 다른 무수히 많은 작은 고리들로 이루어져 있다. 고리에는 밝은 것과 흐린 것이 섞여 있어서 색이 달라 보인다. 토성의 고리가 생긴 이유는 아직 명확히 밝혀지지 않았다. 어떤 과학자들은 토성의 위성이 혜성이나 소행성과 충돌하여 부서져서 생긴 것이라고 말하고, 어떤 과학자들은 토성이 처음 생길 때 토성이 생기고 남은 물질이 고리를 이루고 있는 것이라고 추측한다.

2장

우주의 크기를
측정하라

우주에서 거리를 재는 단위

"우주가 어떤 곳인지 배웠으니 이제 우주 탐사 준비를 해 보자, 삑삑."

대장이 말하자 랑이가 기쁜 마음으로 **벌떡** 일어나며 소리쳤어요.

"정말? 기다려 봐, 금방 여행 가방 챙겨 올게."

"잠깐, 지금 바로 우주로 가자는 게 아니라 우리가 살펴볼 별이 어디에 있는지, 또 거기까지 가는 데 얼마나 걸리는지 알아보자는 거야."

그러자 랑이가 **실망 가득한** 목소리로 말했어요.

"그거야 우주선이 다 알아서 해 주겠지. 그냥 우주에 가서 하면 안 될까? 나 빨리 우주에 가고 싶단 말이야."

대장은 랑이를 보며 크게 한숨을 내쉬었어요.

"휴, 우주에 가려면 우리가 우주선을 조종해야 하잖아. 우주와 별들의 거리를 대강 알아야 탐사 계획을 세우지. 우주는 매우 넓어서 별까지의 거리가 아주 멀어. 별까지의 거리를 잴 때 그 숫자가 **어마어마**하게 **크니까** 정신 바짝 차리고 들어."

"뭐야, 그럼 수학 계산을 해야 하는 거야? 나 수학 진짜 싫어하는데……."

아리도 울상을 지으며 투덜거렸어요.

하지만 대장은 아랑곳하지 않고 설명을 시작했어요.

"훌륭한 우주 탐사 대원이 되려면 반드시 알아야 해, 삑삑! 앞에서 배웠듯이 우주는 어마어마하게 넓은 곳이야. 그래서 우주와 관련된 숫자는 우리가 평소에 쓰는 숫자와는 비교할 수 없을 만큼 커. 우리가 보통 거리를 나타낼 때 어떤 단위를 사용하는지 알고 있지?"

"미터(m)나 킬로미터(km)."

아리가 **시무룩하게** 대답했어요.

"맞아. 하지만 우주에서는 거리를 나타내는 단위가 달라. 지구에서 사용하는 거리 단위로 우주의 거리를 재기에는 우주가 너무 넓기 때문이야. 우주에서 거리를 재는 단위는 미터나 킬로미

터가 아니라 천문단위(AU)야. 천문단위란 지구와 태양 사이의 평균 거리를 말해. 지구와 태양 사이의 거리는 약 1억 4,960만 km니까 1천문단위는 1억 4,960만 km지."

랑이와 아리는 어마어마한 숫자에 입이 떡 벌어졌어요.

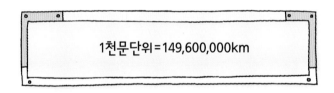

1천문단위＝149,600,000km

"1억 4,960만 km면 서울에서 부산을 187,500번 이상 왕복하는 거리야."

"정말 **엄청나게** 먼 거리구나."

랑이가 놀라며 말했어요.

"태양계에서 천체 사이의 거리를 잴 때는 천문단위를 기준으로 삼아. 단, 천문단위는 태양계 내에서만 사용해. 태양계 밖은 훨씬 넓어서 천문단위로 나타내기는 너무 **어렵거든.**"

대장의 말에 아리와 랑이는 더욱 놀랐어요.

헉헉, 우주는 정말 넓어서 빛의 속도로도 돌아다니기가 힘드네.

"그럼 태양계 밖에서는 어떻게 거리를 나타내?"

"태양계 밖의 더 먼 거리를 잴 때는 광년(ly)이라는 단위를 사용해. 광년은 빛이 1년 동안 나아가는 거리를 말해. 빛은 1초에 약 30만 km를 나아가. 그러니까 빛이 1년 동안 가는 거리를 km로 나타내려면 우선 1년이 몇 초인지 알아야 해."

대장은 계산을 시작했어요.

빛의 속도≒300,000km/s

1년=365(일)×24(시간)×60(분)×60(초)=31,536,000(초)

1광년(빛이 1년 동안 가는 거리)≒300,000(km)×31,536,000(초)

　　　　　　　　　　　　　≒9,460,800,000,000km

"1광년은 약 9조 4,608억 km 정도야."

"아이고, 머리야. 도대체 0이 몇 개야?"

대장의 설명에 아리와 랑이가 머리를 움켜쥐었어요. 그러자 대장은 재미있다는 표정을 지으며 아리와 랑이에게 또 질문을 했어요.

"여기서 문제 하나 낼게. 그럼 1광년은 몇 천문단위가 될까?"

아리와 랑이는 열심히 머릿속으로 계산해 보았어요. 하지만 숫자가 너무 커서 자꾸 헷갈리기만 했어요.

"음……, 아……."

아리와 랑이는 한참 동안이나 **우물쭈물하며** 대답하지 못했어요.

"하하, 역시 너희들에게는 아직 어려운 계산이지. 내가 알려 줄게. 1광년을 천문단위로 나타내면 대략 63,240천문단위야."

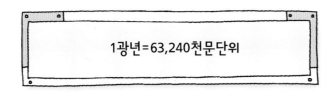

1광년=63,240천문단위

"이야, 정말 **어마어마한** 숫자다!"

대장의 말에 아리와 랑이는 입을 쩍 벌리며 놀라워했어요.

"수백만 광년이 떨어진 곳에도 우주는 존재하고 있어. 너희도 알다시피 빛의 속도는 어마어마하게 빨라. 그런데 빛의 속도로 몇백만 년을 나아가도 끝이 없다니 우주가 얼마나 큰지 실감이 나지?"

아리와 랑이는 생각지도 못했던 큰 수에 머리가 복잡해졌지만, 우주에 대한 **호기심**은 점점 더 커졌지요.

빛의 속도로 달리면 1초에 지구를 7바퀴 반을 돌 수 있어.

별의 밝기와 거리

"이번에는 별의 밝기와 거리의 관계에 대해 알아보려고 해."

"별의 밝기와 거리가 서로 무슨 관계가 있는데?"

아리가 영문을 모르겠다는 듯 고개를 갸웃거렸어요.

"별의 밝기가 같다고 할 때, 별과 지구 사이 거리가 가까울수록 별이 밝아 보이고, 멀수록 **어두워** 보이지. 그걸 이용해서 별과 별 사이의 대략적인 거리를 짐작해 볼 수 있거든."

대장은 컴퓨터 모니터로 공식을 하나 보여 줬어요.

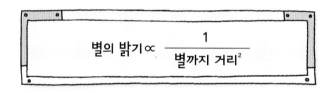

$$\text{별의 밝기} \propto \frac{1}{\text{별까지 거리}^2}$$

"별의 밝기는 별까지 거리의 제곱에 반비례한다는 공식이야. 이 공식에 따라 별의 밝기와 별까지 거리의 관계를 한번 **살펴보자.**"

대장은 모니터에 지구와 별 3개를 그리고 다시 설명을 이어 갔어요.

"지구에서 보았을 때 그림 속 B 별의 밝기가 A 별의 $\frac{1}{9}$이라고 할 때, 이 공식으로 지구와 A 별, B 별의 거리를 대략 알아볼 수 있어. 지구에서 A 별까지 거리를 1이라고 했을 때, A 별의 밝기$\propto\frac{1}{1^2}=1$이니까 A 별의 밝기가 1이 되지. 그리고 B 별의 밝기는 A 별의 $\frac{1}{9}$이므로, 공식을 이용하면 B 별의 밝기$\propto\frac{1}{9}=\frac{1}{3^2}$이야. 따라서 B 별까지 거리는 A 별까지 거리의 3배가 되지. 그러니 B 별이 A 별보다 지구에서 3배 더 멀리 떨어져 있다는 걸 알

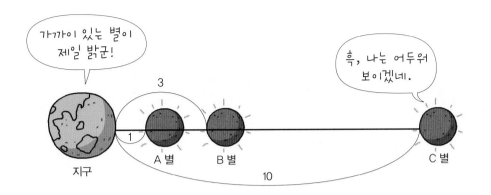

수 있어. 문제를 하나 내 볼 테니 너희들도 풀어 봐. 지구에서 보는 A 별의 밝기가 1일 때 C 별의 밝기가 $\frac{1}{100}$이라면 C 별은 A 별보다 지구에서 얼마나 멀리 있는 걸까?"

"내가 공식을 이용해서 풀어 볼게."

대장이 문제를 내자 아리가 계산을 시작했어요.

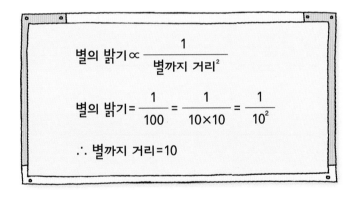

"C 별까지 거리는 A 별까지 거리의 10배야. 즉, C 별은 A 별보다 지구에서 10배 더 멀리 떨어져 있어!"

"잘했어. 물론 이 방법으로는 별까지의 실제 거리를 정확히 측정할 수 없어. 하지만 별들과의 대략적인 거리를 짐작할 수 있는 방법이지. 삑삑."

태양과 행성 사이의 거리

"1천문단위는 지구와 태양 사이의 평균 거리, 즉 1억 4,960만 km라고 했어. 이걸 기준으로 태양계 행성들이 얼마나 멀리 떨어져 있는지 알아보자."

"벌써부터 머리 아파. 그 어마어마한 거리를 어떻게 알아봐?"

랑이가 고개를 절레절레 지었어요.

"걱정 마. 독일의 천문학자 요한 보데가 밝혀낸 보데의 법칙만 알면 쉽게 구할 수 있어. 보데의 법칙이란 태양에서 각 행성에 이르는 평균 거리의 관계를 나타내는 법칙이야. 자, 내가 숫자를 몇 개 보여 줄 테니 규칙을 한번 찾아봐."

대장이 갑자기 컴퓨터에다 '0, 3, 6, 12, 24, □, □, □'라고 입력하더니 아리와 랑이에게 질문했어요.

"빈칸에 어떤 숫자가 들어갈까?"

아리와 랑이는 선뜻 대답하지 못하고 고개만 갸웃거렸어요.

"숫자 배열을 자세히 살펴보면 숫자 0을 제외하고는 앞의 숫자에 2를 곱하면 다음 수가 나오는 규칙을 발견할 수 있어. 3×2=6, 6×2=12, 12×2=24니까 그 규칙대로 계산하면 24×2=48로, 24 다음 빈칸에 들어갈 숫자는 48이야. 같은 규칙을 적용시키면 48×2=96, 96×2=192니까 빈칸에 순서대로 96, 192가 들어가겠지."

아리와 랑이는 그제야 고개를 끄덕였어요.

"그럼 여기서 각각의 숫자에 4를 더한 다음, 다시 10으로 나누어 보자."

대장은 모니터로 계산하는 방법을 보여 주었어요.

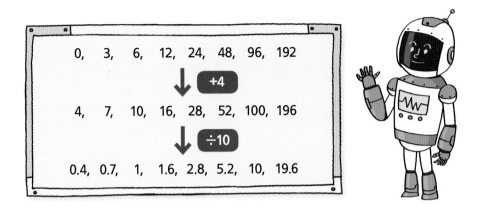

"차근차근 계산하면 0.4, 0.7, 1, 1.6, 2.8, 5.2, 10, 19.6이 돼. 바로 이것이 태양에서 각 행성까지 거리를 천문단위로 나타낸 거야. 이처럼 태양에서 각 행성까지 거리에는 일정한 규칙이 있어. 이 규칙을 이용해서 태양에서 행성까지 거리를 구할 수 있어. 화성과 목성 사이에 있는 소행성대까지 거리도 구할 수 있지."

대장은 보데의 법칙으로 만든 표를 보여 주었어요.

"각 행성들까지 거리에 일정한 규칙이 있다니 정말 신기해."

랑이가 감탄했어요.

"하지만 보데의 법칙으로 태양에서 행성까지 거리를 **정확히** 알기는 어려워. 대략적인 위치를 계산할 수 있을 뿐이지. 또 아쉽게도 보데의 법칙으로 해왕성까지 거리는 알 수 없단다."

수성까지 거리	0.4천문단위
금성까지 거리	0.7천문단위
지구까지 거리	1천문단위
화성까지 거리	1.6천문단위
소행성대까지 거리	2.8천문단위
목성까지 거리	5.2천문단위
토성까지 거리	10천문단위
천왕성까지 거리	19.6천문단위

지구에서 달까지 가는 데 걸리는 시간

"그렇다면 실제로 지구에서 다른 행성까지 가는 데 걸리는 시간은 얼마나 될까?"

대장의 갑작스러운 질문에 아리와 랑이는 눈이 동그래졌어요.

"그야, 엄청난 시간이 걸리겠지."

아리가 천문단위를 떠올리며 말했어요.

"지구에서 가장 가까운 달은 지구와 384,000km 떨어져 있어. 사람이 빠른 걸음으로 걸을 때 속도가 시속 8km 정도인데, 이 속도로 달까지 걸어가면 48,000시간이 걸리지."

"48,000시간이 걸리는 것을 어떻게 알 수 있어?"

아리가 어리둥절한 표정으로 물었어요.

"거리를 속력으로 나누면 시간을 알 수 있거든. 지구에서 달까지 거리 384,000km를 사람이 시속 8km 속력으로 걸어갈 때 걸리는 시간은……."

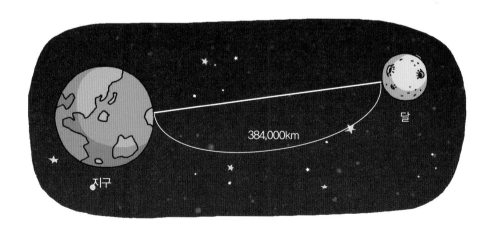

지구   384,000km   달

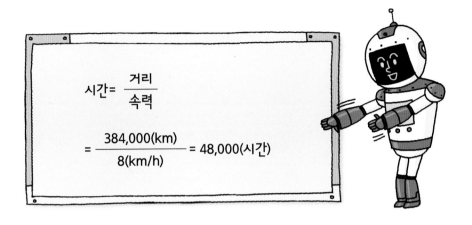

$$시간 = \frac{거리}{속력}$$

$$= \frac{384,000(km)}{8(km/h)} = 48,000(시간)$$

대장은 공식을 보여 주며 계산했어요.

"아하, 그렇게 해서 48,000시간이 나오는구나."

"하루가 24시간이니까 48,000시간을 24시간으로 나누면 날짜가 나올 거야. 48,000÷24=2,000으로 총 2,000일이 나오지. 또 2,000일을 년으로 바꾸면 1년은 365일이니까 2,000÷365≒5.479로 5년이 넘게 나와. 즉, 5년 이상을 쉬지 않고 걸어가야 달에 도착할 수 있지."

"정말 엄청난 시간이 걸리는구나."

랑이가 놀라서 입이 쩍 벌어졌어요.

"그럼 사람보다 빠른 자동차를 타고 시속 100km 속도로 달리면 얼마나 걸릴까? 이것도 같은 방식으로 계산해 보면, 384,000÷100=3,840이니까 3,840시간이 걸려. 3,840시간을 일로 바꾸면 3,840÷24=160이니까 160일이야. 자동차를 타고 달까지 가려면 160일이 걸리지. 그럼 자동차보다 빠른 기차를 타고 시속 300km 속도로 달리면 또 얼마나 걸릴까?"

"384,000÷300=1,280. 1,280시간이 나오니까 1,280÷24≒53.33으로 약 53일이 걸리겠네."

아리가 대답했어요.

"비행기는 자동차보다 훨씬 빠르니까 비행기를 타면 시간이 더 줄어들 거야. 비행기를 타면 얼마나 걸려?"

그러자 랑이가 궁금해하며 물었어요.

"비행기를 타고 시속 500km 속도로 날아가면 384,000÷500=768이니까 768시간이 걸리고, 768÷24=32니까 32일이 걸리는 셈이야. 비행기 중에서 가장 빠른 **제트기**를 타고 시속 800km로 날아가면 384,000÷800=480, 480÷24=20이니 시간이 20일로 줄어들지."

"그것보다 더 빨리는 못 가?"

랑이가 다시 물었어요.

"시속 3,000km인 로켓을 타고 간다면 384,000÷3,000=128시간이니 약 5일이 넘게 걸릴 거야. 1969년 우주선 아폴로가 최초로 달에 착륙했을 때도 달까지 걸린 시간은 5일 정도였어. 하지만 과학이 발달하면서 우주선의 속도는 계속 빨라지고 있으니 나중에는 훨씬 빠르게 갈 수 있겠지."

아폴로 11호
1969년 7월 16일 발사되어 1969년 7월 20일 인류 최초로 달 착륙에 성공했다.

대장이 대답해 주었어요.

"대장, 그런데 나 **궁금한 게** 있어. 빠른 우주선을 타고 달보다 더 멀리 있는 화성에 간다면 얼마나 걸릴까?"

아리가 대장에게 질문했어요.

"지구와 화성은 둘 다 태양을 중심으로 돌고 있어. 그렇기 때문에 지구와 화성 사이의 거리가 항상

화성과 지구는 2년 2개월에 한 번 정도로 이렇게 태양과 나란히 서게 돼.

같지는 않아. 지구가 화성과 가장 가까워질 때는 지구를 가운데에 두고 태양과 화성이 나란히 일직선 상에 놓일 때야. 하지만 지구와 화성의 거리가 가장 가까울 때의 거리도 5,500만 km가 넘어. 5,500만 km는 서울에서 부산까지 거리의 10만 배도 훨씬 넘는 먼 거리지. 그러니 화성까지 시속 3,000km 속도의 아주 빠른 우주선을 타고 간다고 해도 아마 2년이 넘게 걸릴 거야."

"우아, 화성까지 가려면 2년도 더 가야 한다고?"

"지구와 화성이 멀리 떨어질 때는 4억 km도 넘게 멀어지는걸. 그때 화성까지 가려면 훨씬 더 긴 시간이 걸리겠지."

대장의 대답에 아리와 랑이는 놀라서 입이 **쩍** 벌어졌어요. 여러 방법으로 지구에서 행성까지 갈 때 걸리는 시간을 알아보니 태양계가 생각보다도 훨씬 넓다는 것이 더욱 실감이 났어요.

Q | 광년은 어떻게 만들어진 단위일까?

A | 태양계보다 더 먼 거리를 잴 때는 광년이라는 단위를 사용한다. 광년은 빛이 아무 방해를 받지 않고 1년 동안 나아간 거리다. 전등을 켜면 그 즉시 바로 환해지는 것처럼 빛은 무척 빠르다. 아무리 빠른 총알도 빛을 따라잡지는 못한다. 빛은 1초에 지구를 7바퀴 반만큼 돌고, 태양까지 도달하는 데는 8분 20초 정도밖에 걸리지 않는다. 1광년이 몇 km인지 구하려면 빛의 속도에 60초, 60분, 24시간, 365일을 곱해야 한다. 빛은 1초에 약 30만 km를 가니까 1광년≒300,000×60×60×24×365≒9,460,800,000,000(km)로, 1광년은 약 9조 4,608억 km이다.

Q | 7,700만 km 거리를 시속 3,000km 속력으로 날아가면 시간이 얼마나 걸릴까?

A | '시간=거리÷속력' 공식을 이용해서 구할 수 있다. 거리가 7,700만 km일 때 시속 3,000km 속력으로 날아가면 걸리는 시간은 77,000,000÷3,000≒25,667이므로 약 25,667시간이 걸린다. 이것을 일로 나타내면 하루는 24시간이므로 25,667÷24≒1,069이다. 즉 7,700만 km를 시속 3,000km로 날아가면 약 1,069일이 걸린다.

Q | 지구의 반지름을 1이라고 했을 때 목성의
반지름은 얼마일까?

A | 지구의 반지름은 6,378km이고 목성의 반지름은 71,492km이다. 따라서 지구의 반지름이 1
이라고 했을 때 목성의 반지름을 비례식으로 나타내면 '6,378:71,492=1:목성의 반지름'이
다. 이 비례식을 풀면 '목성의 반지름=$\frac{71,492 \times 1}{6,378}$≒11.21'이 된다. 따라서 지구의 반지름
이 1일 때 목성의 반지름은 대략 11.2가 된다.

Q | 태양과 달의 크기가 비슷하게 보이는 까닭은
무엇일까?

A | 태양과 달은 지구에서 볼 때는 거의 비슷한 크기로 보인다. 하지만 실제 태양의 반지름은
지구 반지름의 약 109배나 된다. 그리고 달의 반지름은 지구 반지름의 1/4보다 작다. 그럼
에도 불구하고 지구에서 볼 때 태양과 달의 크기가 비슷해 보이는 까닭은 태양이 지구에
서 엄청나게 멀리 떨어져 있고, 달과 지구의 거리는 태양과 지구의 거리에 비해 훨씬 가깝
기 때문이다.

3장

우주 탐사를
떠나자!

우주를 탐사하는 우주선

"복잡하고 어려운 계산 하느라 힘들었지? 이제 우주 왕복선을 타고 우주 탐사를 떠날 시간이 됐어. **삑삑.**"

"야호, 드디어 떠나는구나!"

대징의 말에 아리와 랑이는 미주 보며 손뼉을 쳤어요. 드디어 꿈에 그리던 우주에 갈 수 있게 된 거예요.

"우리가 가 볼 곳은 우주인들이 우주에서 지내는 국제 우주 정거장이야. 그곳에서 우주인들이 어떻게 생활하는지 직접 체험해 보는 거야. 우주에 나가면 우주가 얼마나 넓고 신비한 곳인지 실감하게 될 거야."

대장은 아리와 랑이를 우주선으로 데리고 가며 설명했어요.

"진짜 우주로 떠난다니 심장이 뛰어. **쿵쾅쿵쾅** 내 심장 소리 들리지?"

"나도 그래. 우리가 우주를 탐험한다니 믿기지가 않아."

"자, 어서 우주복으로 갈아입고 우주로 갈 준비를 하자!"

끼끼, 무슨 옷이 이렇게 무거워?

우주복은 무거워서 입을 때 시간이 오래 걸린대.

우주복은 우주인의 생명과 같은 옷이란다.

아리와 랑이는 우주복으로 갈아입고 대장과 함께 우주 왕복선에 올라탔어요. 우주 왕복선 안에는 각종 첨단 장비가 가득했어요. 아리와 랑이는 좌석에 앉아 안전벨트를 **단단히 맸어요.**

"이제 우리는 우주 왕복선을 타고 우주로 나갈 거야. 우주 왕복선은 고체 연료 부분과 궤도선으로 이루어져 있는데, 발사 이후에 고체 연료 로켓과 외부 연료 탱크가 차례로 떨어져 나가고 궤도선만 우주를 비행하게 될 거야. 출발할 때는 몸에 큰 충격이 오니 모두 마음 단단히 먹으렴."

"문제없어!"

"자, 그럼 떠날 준비 됐지? 출발!"

"출발!"

아리와 랑이가 대장을 따라 외치자마자 우주 왕복선은 빠른 속도로 하늘 높이 날아올랐어요. 무시무시한 속도로 날아오르며 덜컹거리던 우주선은 연료 부분이 분리되고 정상 궤도에 들어서자 안정을 되찾고 조용해졌어요.

③ 외부 연료 탱크가 떨어져 나간다.

② 고체 연료 로켓이 떨어져 나간다.

① 우주 왕복선이 발사된다.

"와, 우리가 우주를 비행하고 있어! 몸도 둥실둥실 떠올라!"

"이제는 안전하니 우주복을 벗어도 좋아."

"정말? 휴, 우주복은 답답했어."

아리와 랑이가 우주복을 벗자 대장이 다시 이야기를 시작했어요.

"우주는 지구와 달리 중력이 0에 가까운 무중력 공간이기 때문에 몸이 저절로 둥둥 떠오르는 거야. 이렇게 신비한 우주에 우리가 올 수 있게 된 것은 바로 우주 공간을 비행할 수 있는 비행 물체인 우주선을 개발했기 때문이야. 그래서 달에도 직접 가고 우주로 나가 생활할 수도 있게 되었지. 정말 놀랍지?"

"응, 대장!"

아리와 랑이는 고개를 끄덕이며 대답했어요.

"본격적으로 우주를 탐사하기 위해 만들어진 것이 바로 우주 탐사선이야. 많은 우주 탐사선들은 태양계 행성 옆을 지나가면서 행성 표면의 사진을 찍거나, 행성의 대기를 분석해서 지구로 보내 주지. 또 행성 주위를 돌며 지형을 조사해서 자세한 지도를 그리거나 정보를 수집하는 탐사선도 있어. 행성에 직접 착륙해서 탐사를 하는 탐사 로봇도

둥실둥실 떠오르니 정말 재미있어!

야호, 신난다!

있고 말이야. 많은 우주 탐사선의 활약 덕분에 사람들은 우주의 비밀을 여러 가지 알아낼 수 있었어."

"와, 우주 탐사선이 정말 많은 일을 하는구나!"

"응, 그런데 우주 탐사선을 **쏘아 올리려면** 돈이 굉장히 많이 드는데다, 한 번밖에 사용할 수가 없었어. 그래서 비용을 절약하기 위해 여러 번 사용할 수 있는 우주 왕복선을 개발한 거야. 우주 왕복선은 사람을 태우고 우주를 여러 번 왕복할 수 있어. 우리도 우주 왕복선을 타고 우주 정거장에 갔다가 다시 지구로 돌아갈 거야."

아리와 랑이는 눈을 반짝이며 대장의 이야기에 귀를 기울었어요.

"우주 왕복선은 국제 우주 정거장까지 우주인을 실어 나르기도 하고, 우주에서 필요한 부품이나 물건 등을 운반하기도 해. 우주 왕복선은 국제 우주 정거장 건설에 없어서는 안 될 **중요한 존재야.**"

디스커버리호
미국의 3번째 우주 왕복선이다.
1984년 8월 처음 발사되었고, 2011년
3월 마지막 비행을 마쳤다.

디스커버리호는
1990년에 허블 우주
망원경을 싣고 떠나서
우주에 올려놓는 데에
성공했어.

허블 우주 망원경
미국 항공 우주국(NASA)과 유럽 우주국(ESA)이 중심이
되어 개발한 우주 망원경으로, 지구에 설치된
망원경보다 50배 이상 미세한 부분까지 관찰할 수 있다.

지구 주위를 도는 인공위성

"얘들아, 저쪽을 한번 볼래?"

대장이 창밖을 가리켰어요. 창밖을 보니 이상한 비행 물체들이 우주에 둥둥 떠 있었어요.

"우아, 저게 뭐야? 이상한 비행 물체가 엄청 많네!"

랑이가 놀라워하며 말했어요.

"저게 바로 인공위성이야. 인공위성은 사람이 인공적으로 만든 위성으로, 달처럼 지구와 같은 행성의 둘레를 도는 장치야. 1957년 소련에서 인공위성 스푸트니크 1호를 최초로 발사한 이래로 지금까지 수많은 인공위성이 우주로 발사되었어. 지금도 세계 여러 나라에서 앞다투어 인공위성을 쏘아 올리고 있지."

인공위성에 대해서는 아리와 랑이도 들어 본 적이 있었어요. 하지만 인공위성이 이렇게 많을 거라고는 상상도 하지 못했어요.

우아, 인공위성이 정말 많다!

"저 많은 인공위성들은 대체 무슨 일을 하는 거야?"

"인공위성이 하는 일은 정말 다양해. 우주에서 지구나 지구 주변의 환경을 관측하면서 여러 가지 실험을 하는 인공위성도 있고, 지구의 통신국에서 오는 신호를 받아서 바꾼 후에 다시 지구로 보내는 역할을 하는 인공위성도 있지. 군사적인 목적을 가진 인공위성도 많아. **비밀리에** 다른 나라를 감시하는 정찰 등의 임무를 하고 있지."

"그렇구나. 인공위성이 이렇게 다양한 일을 하고 있는 줄은 몰랐어."

랑이가 고개를 끄덕이며 말했어요.

대장은 우리가 인터넷을 하거나 텔레비전으로 다른 나라에서 열리는 운동 경기를 실시간으로 보거나 날씨를 미리 알 수 있는 것도 인공위성이 있기 때문이라고 말해 주었어요.

"그런데 이 많은 인공위성 중에 **우리나라** 인공위성도 있어?"

아리가 궁금한 듯 물어보았어요.

"물론 있지. 1992년에 최초로 인공위성 우리별 1호를 쏘아 올린 이후로 우리나라에서도 아리랑호와 무궁화호, 천리안 위성 등의 인공위성을 계속해서 쏘아 올리고 있어. 우리나라의 우주 과학 기술도 계속해서 **발달하고** 있으니 앞으로 우리나라의 인공위성도 더 많아지겠지?"

아리랑 3A호
2015년 3월 26일 발사된 지구 관측 위성으로, 지표면 55cm 크기의 물체까지 관찰할 수 있다.

우주 속 연구 기지, 국제 우주 정거장

국제 우주 정거장(ISS)
국제 우주 정거장은 지구에서 약 350km 정도 위의 높이에 떠서
시속 27,740km로 지구를 돌고 있다.

"우아, 저길 봐!"

갑자기 아리가 소리쳤어요. 멀리 우주 정거장의 모습이 보이기 시작했거든요. 거대하고 멋진 우주 정거장을 보고 랑이도 입을 쩍 벌렸어요.

"저것이 바로 국제 우주 정거장이야. 국제 우주 정거장은 우주인들이 머무르며 생활하는 우주의 집이자, 우주 과학을 연구하는 실험실이기도 해. 한마디로 우주 공간에 떠 있는 연구 기지라고 할 수 있지."

"정말 대단하다!"

"이 국제 우주 정거장은 세계 여러 나라에서 보낸 모듈이 서로 연결되어 하나로 합쳐져 있어. 1998년 11월 러시아에서 처음 '자랴 모듈'을 발사하면서 국제 우주 정거장 건설이 시작되었고, 그 후로 여러 나라에서 발사한 모듈들이 이어서 **차근차근** 조립되고 있지. 현재 국제 우주 정거장에는 세계 각국의 우주인들이 함께 지내면서 우주에 대한 여러 가지 실험과 연구를 하고 있어."

"그런데 모듈이 뭐야?"

설명을 듣던 랑이가 물었어요.

"우주선이나 우주 정거장 각각의 독립된 구조물을 '모듈'이라고 불러. 자, 이제 우리도 다시 우주복을 입고 우주 정거장에 내릴 준비를 하자. 그러려면 먼저 우리가 탄 우주 왕복선을 국제 우주 정거장에 결합시켜야 해. 그걸 '도킹'이라고 해. 지금부터 도킹을 시작할 거야."

우주 왕복선은 성공적으로 도킹을 하고 국제 우주 정거장에 도착했어요. 아리와 랑이는 우주 정거장 안을 둘러보며 눈이 휘둥그레졌어요. 대장은 빙그레 웃으며 말했어요.

"우주에 관해 연구하고 실험할 첨단 장비들이 정말 많지? 무중력 상태인 이곳에서 우주인들이 새로운 우주 기술을 개발하고 있어. 또 우주 환경에

자랴 모듈

서 사람의 몸이 어떻게 변하는지도 연구하고 있지. 그리고 우주에서 날아오는 각종 **신비한 전파**를 분석하는 일도 해. 자, 지금부터는 국제 우주 정거장의 모듈을 하나씩 소개해 줄게. 우주복을 벗고 따라오렴!"

대장은 아리와 랑이를 데리고 자랴 모듈로 갔어요.

"여기는 자랴 모듈이야. 국제 우주 정거장에 전력을 공급하고 연료를 저장하는 곳이지. 자랴 모듈에는 태양 전지판이 달려 있어. 태양 전지판은 태양으로부터 빛을 받아서 햇빛을 전기로 바꾸어 주는 역할을 하지."

"우주 정거장은 전기를 스스로 만드는구나. **멋지다!**"

"여기 말고도 우주 정거장 바깥에 태양 전지판 날개가 또 있어. 여기에는 로봇 팔이 달라붙어 있어서 우주인들이 정거장 바깥으로 이동할 수 있도록 돕거나, 우주 정거장을 수리하거나 새로 만드는 것을 돕기도 해."

대장은 아리와 랑이가 자랴 모듈을 다 둘러볼 때까지 기다렸다가 다음 모듈로 안내했어요.

"여기는 데스티니 모듈이라고 해. 데스티니 모듈에서는 우주인들이 **무중력 상태**에서 할 수 있는 여러 가지 실험을 해. 여기에는 온갖 첨단 실험 장비들이 갖추어져 있어."

데스티니 모듈

데스티니 모듈에는 신기한 기계들이 사방에 매달려 있었어요. 아리와 랑이는 첨단 기계들을 구경하느라 정신이 없었어요. 대장은 아리와 랑이에게 이곳저곳을 보여 주고 마지막 모듈로 안내했어요.

"여기는 우주인들이 잠을 자고 식사를 하는 즈베즈다 모듈이야. 즈베즈다의 내부 공간은 **직육면체 모양**으로, 사방 벽에 번호가 붙어 있어. 벽에 번호를 달아 놓은 것은 무중력 상태에서 우주인들이 방향 감각을 잃어버리는 것을 막기 위해서야."

"잠을 자고 식사하는 곳이라고? 다른 모듈과 다를 게 없어 보이는데?"

아리가 고개를 갸웃거리며 묻자 대장이 말했어요.

"이래 봬도 **우주인**들이 편하게 생활할 수 있는 시설이 다 갖추어져 있는 곳이야. 이제부터 직접 체험해 보면 알게 될 거야."

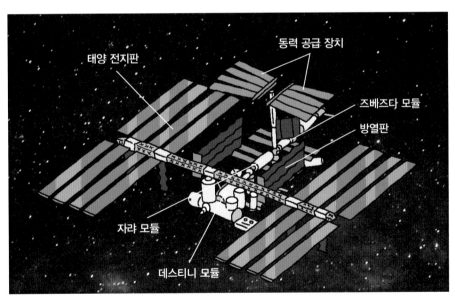

국제 우주 정거장의 구조

우주인의 생활 모습

"우주 정거장 안의 환경은 지구와 크게 다르지 않아. 다만 무중력 상태라서 몸과 물건들이 둥둥 떠오르는 것만 **주의**하면 돼."

"그런데 우주에는 공기가 없는데 우리가 어떻게 숨을 쉬고 있는 거야?"

"그건 우주선과 우주 정거장 안의 공기를 지구와 똑같이 질소와 산소가 혼합된 공기로 채웠기 때문이야. 산소는 우주선 안에 보관되어 있는 액체 산소에서 공급되기도 하고, 물을 전기 분해하여 수소와 산소를 만든 후 그렇게 얻은 산소를 사용하기도 해. 지금 우리가 우주복을 벗고 있을 수 있는 것도 우주 정거장 안에 공기가 있기 때문이야."

"그것보다 더 궁금한 게 있어. 우주인들은 식사를 어떻게 해?"

갑자기 랑이가 **입맛을 다시며** 물었어요.

"우주인들도 우리와 마찬가지로 매일 식사를 해. 우주인이 먹는 음식이라고 그다지 특별할 것은 없어. 우리가 먹는 음식과 다른 점이라면 음식을 오랫동안 보관하기 위해서 특별하게 포장되어 있다는 것뿐이야."

"흑, 왠지 맛이 없을 것 같아."

대장의 말에 아리가 중얼거렸어요.

"우주 탐사 초기에는 우주 식사가 정말 **맛이 없었어.** 대부분이 치약 같은 형태이거나 작게 잘라 바짝 말린 음식이었거든. 그때는 맛있어서 먹는 것이 아니라 그저 영양을 섭취하기 위해서 먹었지. 하지만 지금은 우주 음식도 지구에서 먹는 음식과 똑같은 맛을 느낄 수 있도록 만들어져."

"나도 빨리 먹어 보고 싶다. 우리 식사 시간은 언제야?"

랑이가 배고프다는 듯이 배를 **움켜잡으며** 물었어요.

"그렇지 않아도 곧 식사 시간이야. 그런데 식사할 때 주의해야 할 점이 몇 가지 있어. 음식물이 무중력 상태에서 떠다니는 것을 방지하기 위해 모

냠냠, 우주에서 피자를 먹을 수 있다니!

우아, 김치도 있어.

음료는 꼭 빨대로 먹어야 해. 잘못해서 흘리면 음료가 둥둥 떠다닐 수 있거든.

우주 식량

든 음식을 식탁에 단단히 고정시켜야 해. 또 급하게 음식을 먹다가 음식 부스러기를 흘리면 **큰일 나.** 음식 부스러기가 공중에 떠다니다가 우주 정거장의 중요한 기계에 들어가 고장을 일으킬 수 있거든. 알겠지?"

"응. 걱정 마."

아리와 랑이는 즈베즈다 모듈에서 첫 우주 식사를 했어요. 우주 식사는 생각했던 것보다 맛이 있었어요. 무엇보다 우주에서 먹는 음식이라고 생각하니 매우 특별하게 느껴졌어요.

식사가 끝나자 랑이가 안절부절못하며 대장을 찾았어요.

"나 화장실이 급해! 화장실은 어디야?"

랑이가 다급하게 물었어요.

아, 시원하다.

"우주 정거장에는 화장실이 없어. 여기에 있는 동안엔 기저귀를 차야 해."

"뭐? 화장실이 없다고?"

아리와 랑이는 놀라서 동시에 소리쳤어요. 랑이의 얼굴이 굳어졌어요.

"**삑삑,** 농담이야. 즈베즈다 모듈에 편리한 화장실이 있어서 자유롭게 이용할 수 있어."

"휴, 다행이다! 나 잠깐 화장실 좀 다녀올게."

랑이가 안도의 한숨을 쉬며 말했어요.

국제 우주 정거장 화장실

"잠깐! 화장실을 이용하기 전에 알아 두어야 할 게 있어. 우주 정거장의 화장실은 지구에서와 다르게 물이 아니라 공기를 이용해서 배설물을 **빨아들여**, 마치 진공청소기처럼 말이야. 또 변기에 앉으면 엉덩이가 달라붙는 것처럼 완전히 밀착돼. 그리고 강력한 바람으로 배설물을 말끔하게 빨아들이는 거지."

"그것만 주의하면 돼? 나 지금 급하다고!"

랑이는 대장의 말이 끝나자마자 **허겁지겁** 화장실로 들어갔어요.

잠시 뒤, 랑이가 화장실에 다녀오자 이번에는 아리가 대장에게 궁금한 것을 물어보았어요.

"우주 정거장에서 목욕은 어떻게 해? 진공 상태라 물이 둥둥 떠다닐 텐데. 설마 우주인들이 여기 머무는 동안 목욕을 한 번도 할 수 없는 건 아니겠지?"

그러자 대장이 대답했어요.

"우주인들도 몸을 깨끗이 씻지만 지구에서처럼 욕조에 물을 받아 놓고 목욕할 수는 없어. 그래서 미리 혼합된 세제를 수건에 묻혀서 몸을 문지르면서 목욕해. 머리를 감을 때는 물로 헹구어 내지 않아도 되는 샴푸를 머리에 묻혀서 간단하게 감는단다."

쓱쓱, 머리를 감자. 우주에서는 머리카락이 이렇게 위로 마구 솟아.

"아리, 너는 별게 다 궁금한가 봐. 씻는 게 뭐 중요하냐? 피곤하면 그냥 자기도 하고 그러는 거지. 그런데 우주인들은 잠을 어떻게 자? 아무리 봐도 편히 잘 곳이라고는 없는데."

랑이가 주변을 두리번거리며 물었어요.

"우주인들은 자는 동안 몸이 제멋대로 이리저리 움직이다가 다치는 것을 막기 위해서 벨트로 몸을 꼭 고정하고 자. 무엇보다 꼭 안대를 쓰고 잠을 자야 해. 태양이 하루에도 몇 번씩 떴다가 지니까 밤낮의 구분이 확실하지 않거든. 보기에는 불편해 보이지만 무중력 상태에서 잠을 자기 때문에 오히려 지구에서보다 훨씬 편안히 잠을 잘 수 있어."

"아, 그렇구나."

아리와 랑이는 고개를 끄덕였어요.

대장은 계속해서 우주인들의 생활에 대해 이야기해 주었어요.

"우주 정거장에 있는 우주인들은 대부분의 시간을 실험 모듈에서 지내면서 여러 가지 실험을 해. 얼핏 보면 우주인의 생활이 무척 단조로워 보이지만 우주 정거장에서의 하루는 정말 바빠. 무중력 상태라 몸을 움직이는 것이 자유롭지 못하기 때문에 씻거나 화장실에 가는 간단한 일도 지구에서보다 시간이 훨씬 오래 걸리거든. 또 우주인들은 운동도 열심히 해야 한단다. 우주에서는 몸이 둥둥 떠다니기 때문에 뼈와 근육을 거의 사용할 일이 없어. 그래서 뼈와 근육이 약해지지 않도록 운동도 **틈틈이** 해 주어야 해."

"정말? 우주에서도 운동을 할 수 있는 줄은 몰랐어."

운동을 좋아하는 랑이가 눈을 빛내며 말했어요.

우주인들의 생활은 지구에서 상상했던 것보다 훨씬 신기하고 재미있어 보였어요. 아리와 랑이는 우주 탐사 대원이 되어 우주에 오길 정말 잘했다는 생각이 들었어요.

수성을 탐사한 매리너 10호

"자, 이제 우주 정거장도 둘러보고 밥도 먹었으니 여러 우주 탐사선에 대해 알아보자. 우주에 오기 전에 태양계 행성들에 대해 잠시 살펴보았지? 이제는 어떤 탐사선이 어떻게 행성들의 비밀을 알아냈는지 알아볼 거야. 우선 수성 탐사를 살펴볼까?"

"좋아. 수성은 어떤 탐사선이 탐사를 했어?"

"수성에 도달한 우주 탐사선은 매리너 10호와 메신저호야. 1973년에 발사된 매리너 10호는 이듬해 3월 29일 수성에 689km까지 접근해서 처음으로 수성 사진을 찍어서 지구에 보내왔어. 수성은 마치 골프공처럼 곳곳에 움푹 파인 구덩이가 있었고, 표면도 울퉁불퉁하고 단단한 암석으로 덮여 있었지. 달처럼 말이야."

"나도 수성을 보면서 달과 비슷하게 생겼다고 생각했어. 달에도 움푹 파인 구덩이가 많잖아."

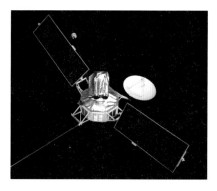
매리너 10호는 가장 처음 수성 사진을 지구로 보냈다.

아리가 고개를 끄덕이며 이야기했어요.

대장은 수성에서 가장 큰 구덩이를 '칼로리스 분지'라고 부르는데, 칼로리스 분지는 지름이 1,300km에 이르고 높이는 2,000m나 되는 산맥으로 둘러싸여 있다고 했어요. 그리고 과학자들은 수성에 있는 칼

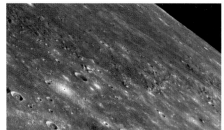

메신저호가 촬영한 수성 표면의 사진들이다.

로리스 분지와 화구들이 **운석의 충돌**로 생긴 구멍이라고 추측하고 있다고 알려 주었어요.

"그게 매리너 10호가 준 정보야? 그럼 메신저호가 알아낸 건 뭐야?"

랑이가 눈을 반짝이며 물었어요.

"메신저호는 2004년에 수성을 탐사하기 위해 발사되었어. 그리고 수성의 둘레를 돌며 다양한 정보를 지구에 보내왔어. 그래서 수성의 북극에는 구덩이가 적고, 남극에는 구덩이가 많다는 것과 수성의 북극에 강한 산성을 띠는 빙산이 있다는 것을 알게 되었어. 빙산의 산성은 살이 닿으면 녹아 버릴 만큼 아주 강하지."

"아, 그렇구나. 탐사선 덕분에 수성이 어떤 곳인지 자세히 알게 된 거구나."

대장은 고개를 끄덕였어요.

"맞아. 우주 탐사선은 우리가 알지 못하는 행성들의 비밀을 하나씩 풀어 주었지."

메신저호는 2004년에 발사되어 태양 주위를 약 15회 돌고 2011년 수성 궤도에 진입했다.

금성의 지형을 알려 준 마젤란호

"우주 탐사선은 행성의 비밀을 알아내는 중요한 일을 하는구나."

랑이가 감탄하듯 말했어요.

"그래. 인류는 끊임없이 태양계 행성을 탐사하려고 노력했지. 지구와 가장 가까운 금성 탐사도 수차례 이루어졌어. 하지만 1962년 매리너 2호로 시작된 금성 탐사는 생각만큼 쉽지 않았어."

"매리너호는 수성을 탐사한 우주 탐사선이잖아."

"수성을 탐사한 건 매리너 10호이고, 그전에 만들어진 매리너 2호와 5호는 금성을 탐사했어. 매리너 2호는 1962년 금성에서 35,000km 정도 떨어진 곳을 지나며 온도와 대기를 측정했어. 매리너 5호는 1967년 금성에서 4,000km 정도 떨어진 곳을 지나며 탐사했지. 또 1989년에 발사된 마젤란호도 5년 동안 금성 둘레를 돌며 많은 정보를 지구로 보냈어."

"마젤란은 사람 이름 아니야?"

"맞아. 페르디난드 마젤란은 1519년에 에스파냐를 출발하여 태평양을 횡단한 포르투갈의 탐험가야. 금성을 탐험한 탐사선 이름으로 안성맞춤이지."

"응, 정말 잘 어울리는 이름 같아."

"금성 탐사선 마젤란호는 3시간 9분마다 금성을 한 바퀴 돌면서 5차에 걸쳐 금성의 지표면을 측정했어. 그래서 금성의

마젤란호는 1989년 5월부터 1994년 10월까지 약 5년간 금성을 탐사했다.

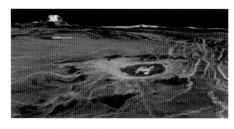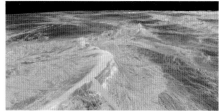

금성의 표면을 촬영한 사진이다. 금성의 표면은 매우 뜨겁고 건조하다.

지도를 거의 완성할 수 있게 되었어."

"우아, 정말 대단하다."

아리가 감탄하며 **엄지손가락**을 치켜세웠어요.

대장은 마젤란호가 보내 준 자료로 금성의 화산과 분화구들을 정확히 관찰할 수 있게 되었다고 했어요. 또 금성 표면이 평원, 높은 지대, 낮은 지대로 이루어졌다는 것을 알게 되었다고 했어요.

"금성은 남쪽 지형과 북쪽 지형이 많이 달라. 북쪽 지역은 구덩이가 거의 없는 높은 지대로 산이 많고, 남쪽 지역은 반대로 평평한 구덩이가 많아. 이것도 탐사선이 관찰해서 알게 된 거야."

"우주 탐사선은 멀고 먼 우주에서 중요한 일을 하는구나."

"그렇지. 금성에는 독특한 지형도 많아. 그 가운데 하나가 '코로나'라는 지형이야. 코로나는 거대한 고리 모양의 지형으로 지름이 약 150~580km에 이르지. 코로나는 금성 안에 있는 **뜨거운** 물질이 바깥으로 솟아날 때 생겨난 것으로 추측하고 있어. 또 팬케이크 모양처럼 부풀어 오른 '파라'라는 지형도 있지."

아리와 랑이는 금성에 대한 여러 가지 비밀을 밝혀 준 우주 탐사선들이 정말 대단하게 느껴졌지요.

화성에서 물의 흔적을 찾다

"사람들은 아주 오래전부터 혹시 화성에 우리와 같은 생명체가 존재하지 않을까 생각해 왔어. 이 때문에 많은 우주선들이 화성 탐사를 떠났고, 다른 행성들보다 화성에 대한 정보를 **훨씬** 많이 알게 되었지."

"화성을 탐사한 우주선은 뭐야?"

"1964년 11월 미국이 발사한 매리너 4호가 처음으로 화성에서 9,600km 떨어진 지점까지 접근해서 찍은 화성 사진을 보내왔어. 그리고 1969년에 매리너 6호와 7호가 화성 표면 사진과 화성의 대기와 온도에 대한 자료들도 보내왔고, 1971년에 발사한 매리너 9호도 화성 주변을 돌면서 깨끗한 사진을 보내왔지. 또 1975년 발사된 바이킹 1, 2호도 수천 장 이상의 사진을 찍어서 보내와서 화성의 비밀을 푸는 데에 큰 역할을 했어."

"그래서 사진을 보니 어땠어? 정말 화성이 지구랑 많이 닮았어?"

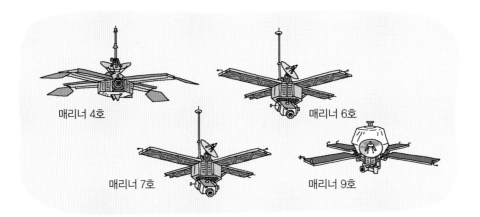

매리너호는 수성, 금성, 화성 탐사에 중요한 역할을 했다. 매리너 6호와 매리너 7호는 똑같은 모양으로, 화성 표면 사진을 찍어 지구로 보냈다.

바이킹 1호와 2호는 똑같은 모양으로, 1975년에 발사되어 화성에 대한 많은 정보를 보내왔다.

바이킹 1호가 보내온 화성의 표면 사진이다.

화성은 정말 붉은색이구나.

아리가 궁금해서 물었어요.

"아니, 화성은 지구와는 아주 다른 모습이었어. 화성은 지구보다 훨씬 춥고 건조한 사막 같은 곳이었거든. 게다가 화성은 사방이 온통 **붉은색**이었어. 화성의 지표를 덮고 있는 암석에 산화철이 많이 포함되어 있기 때문이야. 산화철은 쇠가 녹슬면 생기는 성분을 말해."

대장은 화성에 대한 이야기를 더 들려주었어요. 화성의 대기는 매우 옅어서 지구의 0.75%밖에 되지 않으며 대부분 이산화탄소로 되어 있다고 했어요. 화성의 대기가 적은 이유는 중력이 작기 때문이고, 대기가 적으니 열을 유지할 수 없어서 온도도 매우 낮아 평균 영하 80℃로 춥다고도 했어요.

"또 화성의 날씨는 매우 **변덕스럽고** 바람이 무척 많이 불어. 바람이 얼마나 강하게 부는지 화성 전체를 뒤덮을 만한 크기의 거대한 모래 폭풍이 자주 발생해. 이 모래 폭풍은 속도가 초속 100m 이상이나 되는 무척 강한 폭풍이야. 모래 폭풍이 너무 자주 일어나서 화성 표면 곳곳에는 '먼지 악마'라고 부르는 현상이 생겨. 먼지바람이 마치 꿈틀거리는 생명체 모양으로 보여서 먼지 악마라고 하는 거야."

"듣다 보니 조금 이상한데? 화성의 환경이 우리가 살고 있는 지구와는 너무 다르잖아. 그런데도 어째서 과학자들은 화성에 생명체가 존재할 수도 있다고 생각했던 거야?"

아리가 고개를 갸웃거리며 물었어요.

"화성에 물이 존재할지도 모르기 때문이야."

대장이 웃으며 대답했어요.

"화성이 사막 같다며. 물이 어떻게 존재해?"

아리는 이상하다는 듯 갸웃거렸어요.

"1996년에 발사된 탐사선 마스 글로벌 서베이어는 화성의 둘레를 돌다가 최근까지 물이 흘렀으리라 생각되는 확실한 흔적을 발견했어. 화구 벽면에 도랑 모양의 지형이 발견되었는데, 이것은 물이 흘렀을 때 깎여서 생긴 자국이었거든. 그리고 2001년에 발사된 마스 오디세이는 화성에 얼음이 있다는 사실을 알아냈어. 그래서 2003년에는 화성 탐사 로봇인 스피릿과 오퍼

마스 글로벌 서베이어는 화성에서 물이 흘렀던 흔적을 발견했다.

마스 글로벌 서베이어가 찍은 화성 사진으로 화산의 흔적을 볼 수 있다.

화성 탐사 로봇 스피릿과 오퍼튜니티는 화성에
착륙하여 화성의 지질을 조사했다.

화성 탐사 로봇 스피릿이 보내온 사진으로,
2004년에 찍은 화성의 표면 사진이다.

튜니티를 화성에 보내 직접 화성을 관찰하기 시작했지. 스피릿과 오퍼튜니티는 쌍둥이 화성 탐사 로봇인데, 화성에 착륙하여 지질을 조사할 수 있도록 카메라와 현미경, 로봇 팔 등을 갖추고 있어. 각각 화성의 목표 지점에 도착한 스피릿과 오퍼튜니티는 화성을 돌아다니며 많은 사진들을 지구로 보냈지. 스피릿과 오퍼튜니티의 활약으로 화성에 과거에 물이 존재했을 것이라는 예상이 더욱 확실해졌지. 물이 있다는 것은 생명체가 살 수 있는 가능성도 크다는 것을 뜻하기 때문에 과학자들은 화성에 생명체가 있을 가능성을 두고 있는 거야."

"우아, 정말? 화성에 물이 있는 거야?"

랑이가 놀라 눈이 휘둥그레졌어요.

"지금도 많은 과학자들은 계속해서 화성에 탐사선과 로봇을 보내며 연구하고 있어. 2039년에는 화성에 직접 사람을 보내서 착륙시킨다는 계획도 세우고 있지."

"그럼 나도 꼭 화성에 가 볼 테야!"

아리와 랑이가 눈을 반짝이며 다짐했어요.

목성의 여러 가지 비밀을 풀다

"목성에 대해서도 더 알고 싶어. 목성에는 커다란 붉은 점이 있던데 그건 뭐야?"

"맞아. 나도 봤어. 그 점은 뭐야?"

아리와 랑이가 갑자기 목성에 대해서 물었어요.

"그건 대적점이라는 거야. 목성에는 다른 행성에서 발견할 수 없는 거대한 소용돌이무늬가 있는데, 커다란 붉은색의 점처럼 보인다고 해서 대적점이라고 불러. 대적점은 거대한 태풍과 같은 돌풍의 소용돌이야. 소용돌이 크기는 지구 지름의 2배에 달할 만큼 어마어마해서 먼 지구에서도 망원경으로 볼 수 있는 거야. 원래 태풍은 따뜻한 바다에서 생겨서 단단한 육지에 부딪히면서 약해지다가 결국 **사라지지.** 그런데 목성에는 단단한 육지가 없기 때문에 태풍이 한번 생기면 없어지지 않는 거야. 목성의 사진은

목성에는 대적점이 있다. 소용돌이무늬의 대적점은 태풍과 비슷한 고기압성 폭풍우임이 밝혀졌다.

파이어니어 11호는 목성 구름 위를 지나가며 500여 장의 목성과 위성 사진을 찍었다.

1974년에 파이어니어 11호가 촬영했어."

대장은 또 목성이 가스로 이루어졌기 때문에 대기의 변화가 아주 심하다고 말했어요. 그래서 목성 표면에는 동서 방향으로 초속 50~150m의 제트 기류가 흐르고 강력한 번개가 자주 발생한다고 했어요.

"목성에서 치는 번개는 지구에서 치는 번개와는 비교도 되지 않아. 목성의 번개는 지구의 번개보다 수천 배는 더 강력하거든."

"멀리서 볼 때는 참 고요해 보이는데 실제로 목성에 가면 사방에서 번쩍번쩍 번개가 친다니 믿어지질 않아."

"너희들이 모르는 목성의 비밀을 하나 더 알려 줄게. 행성의 고리라고 하면 대부분 토성을 떠올리게 마련이지만 목성에도 고리가 있어."

"진짜?"

목성의 고리는 희미하며 주로 먼지로 구성되어 있다.

"나는 못 본 것 같은데?"

"목성도 고리를 가지고 있다는 사실은 나중에야 알려졌어. 1979년 3월에 보이저 1호가 목성을 통과하며 목성의 얇은 고리를 1개 발견했어. 목성의 고리는 크고 선명한 토성의 고리와는 달리 멀리서는 잘 보이지 않을 만큼 가늘고 희미해. 그래서 그전에는 목성도 고리를 가지고 있다는 사실을 몰랐던 거야."

"그랬구나. 보이저호가 아니었으면 목성에 고리가 있다는 사실을 몰랐겠네. 우주 탐사선이 정말 중요한 정보를 많이 알려 주는구나."

아리와 랑이는 우주의 비밀을 푸는 데에 우주 탐사선의 역할이 얼마나 중요한지 새삼 깨달았어요.

"또 보이저호는 목성 주위의 위성을 새로 발견하기도 했어."

"보이저호가 정말 많은 일을 했구나."

보이저 1호와 2호는 똑같은 모양으로 생겼으며, 1호와 2호 모두 1977년에 발사되어 태양계 행성을 탐사했다.

갈릴레오호는 2003년 공중분해될 때까지 34차례 목성 궤도를 돌면서 많은 정보를 지구로 보냈다.

1999년 갈릴레오호가 찍어서 보내온 목성의 위성 이오의 사진이다.

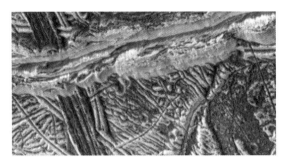

갈릴레오호가 찍은 목성의 표면 사진으로, 오래전 생긴 짙은 색 흔적과 최근 생긴 밝은색 흔적이 뚜렷이 보인다.

"1989년에 발사된 갈릴레오호는 목성 탐사선 중에서 목성에 가장 가까이 간 탐사선이었어. 갈릴레오호는 목성 주변을 34차례나 돌면서 목성의 위성들을 자세히 관찰했어."

"그런데 갈릴레오도 사람 이름 아니야?"

아리가 물었어요.

"맞아. 기억력이 아주 좋은걸? 갈릴레오호는 이탈리아의 천문학자 갈릴레오 갈릴레이의 이름에서 이름을 따왔지. 갈릴레오는 1610년경에 망원경으로 목성에 위성이 있다는 사실을 발견했지."

"그럼 사람 갈릴레오와 우주선 갈릴레오가 둘 다 목성을 관측한 거네. 정말 대단하다."

랑이가 재미있다는 듯이 말했어요.

"그래, 맞아. 또 갈릴레오호는 목성의 위성인 이오에서 화산이 분출하는 것을 포착했고, 얼음으로 뒤덮인 위성 유로파에서 예전에 물이 흘렀던 흔적을 발견하기도 했지. 우주 탐사선이 없었다면 이런 귀한 정보를 얻지 못했을 거야."

행성의 고리를 관찰한 보이저호

아리가 눈을 반짝이며 물었어요.

"토성은 고리가 참 예쁘던데, 토성의 고리는 누가 처음 발견했어?"

"토성의 고리는 1609년 갈릴레이가 망원경을 보다가 처음 발견했어. 하지만 그 당시 망원경 성능이 좋지 못해 갈릴레이는 자신이 발견한 것이 고리인 줄은 몰랐고, 토성 양쪽에 귀 모양의 괴상한 물체가 있다고만 이야기했지. 그리고 갈릴레이가 죽은 뒤 50년이 지나서야 그것이 고리라는 것이 밝혀진 거야."

"그럼 토성에 간 탐사선도 있어?"

"보이저 1호와 보이저 2호가 토성의 근접 탐사에 성공했어. 그 결과 토성의 고리가 하나가 아니라 여러 개의 띠로 이루어져 있다는 사실을 알게 되었지. 또 고리의 대부분이 작은 얼음 조각이나 얼음 부스러기, 먼지와 돌멩이 등으로 이루어져 있다는 것도 알게 되었어."

보이저 2호가 1981년에 찍은 토성의 고리 사진이다.

대장은 고리의 여러 가지 물질들이 빛을 잘 반사하기 때문에 여러 개의 띠로 나누어진 고리가 빈틈없이 꽉 찬 원반처럼 보이는 거라고 알려 주었어요.

"오호, 여러 개의 고리가 마치 하나의 띠처럼 이루어졌구나."

아리와 랑이는 토성의 고리에 더욱 관심이 생겼어요.

"고리는 어떻게 만들어진 거야?"

랑이가 물었어요.

"글쎄. 아직까지 토성의 고리가 어떻게 만들어졌는지에 대해서는 아직 정확히 밝혀지지 않았어. 토성이 생긴 뒤에 남은 물질들이 고리를 만들었다고 추측하는 과학자도 있고, 위성이 토성의 강한 중력을 이기지 못하고 잘게 부서지며 고리가 생겨났다고 보는 과학자들도 있지."

"그렇구나. 토성의 고리는 정말 아름답고 신비로운 것 같아."

아리와 랑이는 행성에 대해 알면 알수록 더욱 빠져들 수밖에 없었어요.

"그런데 천왕성에도 고리가 있다는 것을 아니?"

"정말?"

천왕성의 고리는 빛을 잘 반사시키지 못해. 그래서 희미하게 보이는 거야.

1998년 허블 우주 망원경으로 찍은 천왕성의 모습이다.
천왕성의 고리는 검은 암석 조각으로 이루어져 있다.

보이저 2호는 1977년부터 지금까지 계속 우주를 탐사하고 있다.

대장의 말에 아리와 랑이는 깜짝 놀랐어요. 그러자 대장이 컴퓨터 모니터로 천왕성의 고리를 보여 주었어요. 정말 대장의 말대로 희미하지만 둥근 고리가 눈에 들어왔어요.

"1986년에 천왕성 탐사에 나선 보이저 2호는 천왕성에 접근하여 여러 가지 정보를 알려 주었어. 이때 그동안 5개로 알려졌던 천왕성의 위성이 더 많이 있다는 사실과 천왕성에 고리가 있다는 사실을 알게 되었지."

"와, 잘 보이지 않는 천왕성의 고리까지 알아내다니 정말 대단하다."

"그렇지? 천왕성의 고리는 목성처럼 무척 가늘어서 천왕성 가까이 가야 겨우 확인할 수 있을 정도였어. 지금까지 발견한 천왕성의 고리는 총 13개야. 1977년에는 8개의 고리만 발견되었는데 1986년에 보이저 2호가 2개의

천왕성의 위성은 지금까지 총 27개가 발견되었다. 위성들에는 운석 구덩이가 많이 있고, 거대한 계곡을 가진 것도 있다.

보이저 1호와 2호는 목성과 토성의 위치가 가까워지는 시기를 이용하여
각각 행성을 탐사했다.

고리를 더 확인했고 이후에 허블 우주 망원경이 3개를 더 발견했지."

대장은 천왕성도 다른 목성형 행성들처럼 위성을 많이 가지고 있다고 알려 주었어요. 지금까지 발견한 천왕성의 위성은 27개나 된다고 했어요.

"잠깐, 그런데 보이저호는 아까 목성과 토성에도 갔다고 하지 않았어? 그리고 천왕성까지 탐사한 거야?"

아리가 새삼 **놀라워하며** 물었어요. 그러자 대장이 대답했어요.

"맞아. 보이저 1호는 목성과 토성을 탐사했고, 보이저 2호는 목성과 토성을 지나서 해왕성과 천왕성도 탐사했지."

"행성 사이의 거리가 굉장히 먼데 혼자 그 먼 길을 떠났단 말이야?"

"여러 행성들이 비스듬하게 일직선에 놓이는 시기를 이용한 거야. 그때는 행성 사이가 가까우니까 한꺼번에 여러 행성을 탐사할 수 있도록 계획한 거야."

"이야, 우주 탐사는 정말 과학적으로 이루어지는구나! 정말 멋지다!"

아리와 랑이는 우주는 알면 알수록 **멋진** 세상이라는 생각이 들었어요.

우주인의 몸을 보호하는 우주복

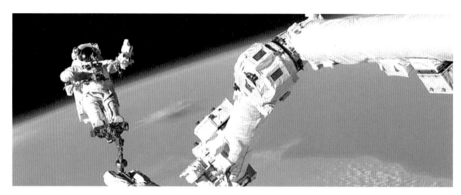

우주 유영을 하는 모습

우주인들이 항상 우주 정거장 안에서 생활하는 것은 아니에요. 국제 우주 정거장의 일부가 고장 나거나, 우주 정거장을 조립할 때면 우주인들은 직접 우주 정거장 밖으로 나가서 일을 해야 하지요. 이렇게 우주인이 우주선 밖으로 나가 무중력 상태에서 활동하는 것을 우주 유영이라고 해요.

우주 공간은 매우 위험해요. 몸을 마음대로 움직일 수 없고, 공기가 없어서 숨을 쉴 수도 없어요. 또한 지구에서와 같은 압력이 없기 때문에 우주복 없이 우주에 나간다면 몸 안의 압력이 몸 바깥의 압력보다 더 커서 몸이 터져 버리고 말 거예요. 또 태양이 비치는 쪽은 120℃로 뜨겁고 태양이 비치지 않는 쪽은 영하 100℃로 무척 추워요. 우리 몸에 해로운 빛도 아주 많지요. 그래서 우주 정거장 밖으로 나갈 때는 우주복을 꼭 입어야 해요.

우주복은 우주 공간에서 우리 몸을 보호해 주기 위해 최첨단 기술로 만들어졌어요. 우주복 안은 항상 지구의 환경과 같은 일정한 압력과 온도가

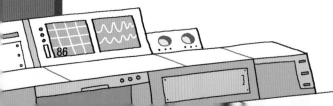

헬멧

모자

압력 헬멧

액체 냉각 속옷

목선링

산소 정화 시스템
연결 소켓

생명 유지용
휴대 음료 보관 입구

통신 장비 연결 소켓

압력 장갑

휴대용 생명 유지
장치 연결 소켓

우주 선외용 장갑

방사능 측정기 주머니

소변 배수 장치

월면화

유지될 뿐만 아니라 몸의 신체 변화를 시시각각 관찰해서 건강 상태를 파악해 주는 장치도 있어요.

만약 우주 공간에서 사고가 생기면 우주복에 있는 통신 장비로 우주 정거장과 통신을 해서 바로 도움을 요청할 수 있어요. 또 우주 유영을 하다가 목이 마르거나 배가 고플 때면 우주복에 있는 액체형 음식과 물을 빨대로 빨아 먹을 수도 있어요.

또 우주인들은 우주 유영을 할 때 우주복 속에 흡수 내의라고 부르는 기저귀를 입어요. 그래서 소변이 마려우면 우주복을 입은 상태 그대로 기저귀에 소변을 볼 수 있어요. 우주 유영을 마치고 돌아오면 사용한 기저귀는 우주선 쓰레기통에 버리면 돼요.

우주복을 입고 있으면 우주인은 안전하게 많은 일을 할 수 있어요. 첨단 기술로 만들어진 우주복은 하나의 작은 우주선인 셈이지요.

 우주에서 우리 몸은 어떻게 변할까?

 국제 우주 정거장에서 지내는 동안 우주인의 몸은 조금씩 변화한다. 사람의 몸은 지구의 기압과 중력에 맞추어 근육과 뼈가 구성되어 있다. 그런데 우주 정거장 안은 중력이 없기 때문에 뼈와 뼈 사이의 공간이 벌어져 키가 5~8cm 정도 더 커진다. 또 위아래의 구분이 없이 몸이 떠다니기 때문에 지구보다 머리 쪽으로 피가 많이 쏠리게 되어 얼굴이 붓는다.

그래서 우주에서도 틈틈이 운동을 해 주어야 한다. 물론 우주인이 임무를 마치고 지구로 돌아와 어느 정도 시간이 지나면 몸이 원래 상태로 돌아온다.

 우주인들은 어떤 음식을 먹을까?

 우주인들은 완전히 조리된 음식을 진공 상태 혹은 냉동 상태로 포장해 두고 먹는다. 우주 음식의 종류는 지구에서처럼 매우 다양해서 우주인들은 과일, 땅콩, 잼, 치킨, 소고기, 해산물,

사탕, 초콜릿 등 자신이 좋아하는 음식을 선택해서 먹을 수 있다. 우주인이 마실 수 있는 음료수도 커피, 차, 주스, 레모네이드 등 매우 다양하다. 최근에는 우주선 안에 텃밭을 만들어서 우주인들이 상추와 같은 신선한 채소를 직접 길러 먹기도 한다.

태양계를 벗어난 우주 탐사선이 있을까?

1977년에 발사된 보이저 1호는 우주 탐사선 중 지구에서 가장 먼 곳까지 날아갔다. 미국 항공 우주국은 보이저 1호가 태양계를 지나 성간 우주를 비행하고 있다고 발표했다. 보이저 1호는 태양계를 넘어 아직 눈으로 확인되지 않은 미지의 은하계 공간을 탐사하는 우주 개척자인 셈이다. 태양계 밖을

탐사하는 보이저 1호에는 언젠가 만나게 될지도 모를 외계인에게 보내는 메시지가 담겨 있다. 또 지구의 문화와 생물, 자연의 소리와 사진도 실려 있다.

  우주 탐사선은 수명을 다하면 어떻게 될까?

대부분의 우주 탐사선은 일단 지구를 떠나면 돌아올 수 없다. 임무를 완수한 우주 탐사선은 대부분 계속 우주를 떠돌거나 목표 천체에서 그대로 정지한다. 갈릴레오호처럼 충돌하라는 지시를 받고 스스로 파괴되기도 한다.

하지만 발사된 우주 탐사선이 다시 지구로 돌아오는 경우도 있다. 2004년 스타더스트호는 혜성의 꼬리에서 나오는 먼지를 채취하기 위해 발사된 우주선이었다. 스타더스트호는 빌트 2 혜성을 만나 가까이에서 비행하며 사진을 찍고 먼지를 수집했다. 그리고 2006년에 그 표본을 간직한 채로 지구로 돌아와 미국에 안전하게 착륙했다. 그 덕분에 우리는 혜성의 여러 가지 비밀을 알게 되었다.

4장

영화 속 우주를
만나 보자

외계인은 있을까?

"자, 우주가 얼마나 넓고 넓은 곳인지 짐작이 가니? 삑삑."

"태양계만 둘러보아도 엄청 오랜 시간이 걸리는데 우주를 다 둘러보려면 수백 년이 걸릴 거야."

아리의 대답에 랑이가 끼어들었어요.

"영화에서는 아주 먼 안드로메다은하까지도 훌쩍 날아가잖아. 영화처럼 우주여행을 쉽게 할 수 있다면 얼마나 근사할까?"

"그래서 이번에는 영화 속에서 우주가 어떻게 그려지는지, 또 우주 과학이 어떻게 발달했는지 살펴보려고 해. 우주를 소재로 한 영화를 보면서 앞으로 우주 과학이 얼마나 발전할지 미리 예상해 보는 거야."

"우아, 나 영화 정말 좋아하는데 진짜 기대된다!"

대장의 말에 랑이가 풀쩍 뛰며 좋아했어요.

"지구는 태양계의 한 행성일 뿐이고 태양은 우리 은하에 있는 수천억 개의 천체 가운데 하나일 뿐이야. 우리 은하 역시 우주에 있는 수많은 은하계 중 하나일 뿐이고 말이야. 이렇게 무수히 많은 별들 가운데 지구처럼 생명체가 살고 있는 별이 또 있을 거라는 생각이 들지 않니?"

"난 분명 있다고 믿어. 외계인은 어딘가에 꼭 있을 거야."

"나도, 나도!"

우주를 소재로 한 영화는 정말 많단다.

아리와 랑이는 확신에 찬 얼굴로 고개를 끄덕였어요.

"많은 사람들이 너희와 같은 생각을 하고 있어. 오래전에 나온 영화 〈콘택트〉는 주인공이 외계인이 사는 행성에 가서 외계인을 만나고 돌아오는 이야기야. 어린 시절 **밤마다** 무선 통신을 켜 놓고 외계인의 연락을 기다리던 주인공 앨리는 나중에 자라서 우주를 연구하는 과학자가 되지. 그러던 어느 날, 앨리는 베가성으로부터 정체 모를 신호를 받는데 그것은 은하계를 왕복할 수 있는 우주선의 설계도였어. 앨리는 그 설계도로 만든 우주선을 타고 마침내 베가성에 도착해서 외계인을 만나게 돼."

"우아, 듣기만 해도 ❤미진진한 영화네! 나도 보고 싶다."

랑이가 흥분하며 말했어요. 그러자 아리가 무언가 생각난 듯 손뼉을 치며 외쳤어요.

"외계인이 나오는 영화라면 〈이티〉도 있어! 엄마랑 아빠가 어릴 때 재미있게 본 영화라고 극장에서 다시 개봉할 때 우리를 데리고 갔었어. 랑이 너도 기억나지?"

뚜뚜!
외계인과
통신하는 상상을
하고 있어!

영화 〈콘택트〉 포스터
1997년 미국에서 만든 영화로, 우주에 대해 아름답고 감동적으로 그려 냈다.

"응, 기억나고말고. 배가 불룩 튀어나온 이티를 어떻게 잊어?"

아리의 말에 랑이는 고개를 끄덕이며 맞장구를 쳤어요.

"맞아. 영화 〈이티〉는 외계인과 한 소년의 우정을 그린 이야기야. 이티라는 외계인이 지구를 조사하러 왔다가 우주선을 놓치고 우연히 엘리엇이라는 소년을 만나. 이티는 우주선이 돌아올 때까지 엘리엇의 집에 머무르는데 항공 우주국 직원들이 외계인이 나타난 것을 알고 이티를 잡으러 와. 하지만 엘리엇의 도움으로 이티는 무사히 외계로 돌아가지."

"영화를 보고 나도 이티 같은 외계인 친구를 정말 만나고 싶었어."

아리가 부러운 목소리로 말했어요.

영화 〈이티〉 포스터
스티븐 스필버그 감독이 만든 영화로. 당시 사람들의 마음을 확 사로잡았다.

"〈콘택트〉와 〈이티〉처럼 과학자들도 우주 어딘가에 또 다른 생명체가 살고 있을 거라고 확신해. 그래서 오랫동안 외계인을 찾기 위해 노력해 왔어."

"외계인을 어떻게 찾아?"

아리와 랑이가 외계인을 찾는다는 소리에 눈을 반짝이며 물었어요.

"1972년 발사된 파이어니어 10호에는 외계인에게 우리의 존재를 알려 주려고 사람의 몸을 그린 그림을 실어서 보냈어. 또 우주 탐사선 보이저 1호와 2호에는 황금 음반이 실려

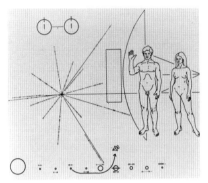

보이저 1호와 2호에 실려 있는 황금 음반으로, 지구와
인간에 대한 정보가 담겨 있다.

파이어니어 10호에는 인간의 모습을 그린
그림이 실려 있다.

있는데, 여기에는 자연의 소리와 세계 여러 나라의 지도자들이 전하는 인
사말이 담겨 있어."

대장은 과학자들이 외계인을 찾기 위해 먼 항성계들과 큰 외계 행성을
향해 전파 신호를 보낸다는 것도 말해 주었어요.

"만약 진짜 외계인이 있다고 해도 사람과는 완전히 다른 모습일 거
야. 우리가 사는 지구만 해도 정말 다양한 생물이 존재하잖아. 하지만
안타깝게도 지금까지의 조사 결과, 태양계에는 지구 이외에 다른 행
성에는 생물이 살고 있지 않
다는 결론을 내렸어. 만약 외
계인이 있다면 태양계 밖 어
딘가 다른 별에 있을 거야. 그
래도 우주 과학이 훨씬 더 발
전한다면 언젠가 외계인과 만
날 날이 올 거라고 믿어."

화성에 제2의 지구 건설

"태양계의 행성들 중에서 지구와 가장 환경이 비슷한 행성은 무엇일까?"

대장이 아리와 랑이에게 물었어요.

"화성!"

아리가 얼른 대답했어요.

"맞아, 화성에 물이 있다는 흔적이 보이면서 많은 과학자들은 화성을 제2의 지구로 생각하기 시작했어. 그래서 화성을 배경으로 한 우주 영화가 **유난히 많아.**"

영화 〈토탈 리콜〉 포스터
1990년 개봉된 공상 과학 영화로,
놀라운 과학적 상상력을 담고 있다.

"화성에 물이 있다는 이야기를 들으니 나도 화성이 제일 궁금해졌어."

랑이도 고개를 끄덕이며 말했어요.

"영화 〈토탈 리콜〉은 주인공이 화성 독재자에게 맞서 화성을 구해 내는 이야기야. 지구의 식민지인 화성의 총책임을 맡고 있는 코하겐은 화성을 자기 마음대로 다스리려고 해. 하지만 코하겐의 부하였던 주인공 하우저는 그것에 반대하지. 그러자 코하겐은 화성에 대한 하우저의 기억을 없애 버리고 지구로 보내 버려. 그사이 코하겐은 자기 마음대로 화성에 사는 사람들을 통제하며 독재를 하고 있었어. 하지만 다시 화성으로 돌아온 하우저는 아내와 힘을 합쳐 코하겐을 물리치고 화성을 살기 좋고 **평화로운** 곳으로 만들어."

"영화 속에서는 화성에 이미 지구인들이 살고 있는 거네."

영화 속에서는 화성에서 사람이 살기도 하네.

화성의 모습이 정말 멋있는걸!

이야기를 다 듣고 나자 아리가 놀라워하며 말했어요.

"그런데 화성에 물만 있다고 사람이 살 수 있는 건 아니잖아. 숨을 쉴 수 있는 공기도 있어야 하지 않아?"

랑이가 고개를 갸웃거렸어요.

그러자 대장이 대답했어요.

"물론 화성에는 사람이 숨을 쉴 수 있는 공기가 없어. 하지만 화성에 물이 있으면 이야기가 달라지지. 물을 전기 분해를 해서 산소와 수소를 만들수 있으니까 말이야. 그럼 사람이 숨을 쉬고 살 수 있는 환경을 만들 수 있잖아. 그런 이유로 화성을 지구처럼 변화시킬 수 있다고 생각하는 거야."

"아, 물이 있으면 공기도 만들어 낼 수 있구나. 그럼 진짜 화성에서 사람이 살 수도 있겠네. 영화 속 이야기가 실제가 될 수 있겠어!"

아리가 놀라 소리쳤어요.

"화성을 지구와 같은 환경으로 만드는 데는 아직 어려움이 많아. 우선 지구와 너무 **거리가 멀어서** 사람이 가려면 아주 오랜 시간이 걸려."

그러자 랑이가 말했어요.

"그래도 화성에서 살고 싶은 사람이라면 그 정도는 감수하고 가지 않을까? 난 한번 살아 보고 싶어."

"그뿐만이 아니라 화성은 무척 춥다는 문제점도 있어. 화성의 평균 기온은 영하 80℃야. 이누이트들이 사는 북극의 평균 기온이 영하 34℃인 것을 생각하면 화성의 온도를 최소한 북극의 온도만큼은 올려야 화성에서 사람이 생활할 수 있을 거야."

그러자 아리가 고개를 절레절레 저으며 말했어요.

"으악, 그렇게 **추으며** 난 화성에서는 안 살래."

"게다가 화성에서는 농작물이 자랄 수 없어. 농작물이 자라는 데 필수적인 질소가 너무 적기 때문이야. 그렇다고 농작물을 지구에서 운반하기에는 시간도 많이 걸리고 돈도 많이 들어."

화성에 도시를 만들면 이런 모습일까?

"뭐야, 그럼 화성에서 살 수 있는 가능성이 큰 것도 아니잖아."

대장의 말을 들은 랑이가 잔뜩 실망한 목소리로 말했어요.

"하지만 모든 어려움에도 불구하고 화성에 사람을 보내기 위한 노력은 계속되고 있어. 우주 과학자들은 물론, 민간 우주 항공기 개발자인 앨런 머스크도 20년 이내에 화성에 사람을 보내 식민지를 만들겠다는 계획을 세우고 이루기 위해 노력하고 있지."

"정말이야? 그 계획이 성공하면 우리가 화성에 살 수 있는 날이 곧 다가오겠네!"

다른 행성의 땅을 살 수 있을까?

미국의 데니스 호프는 자신이 달과 화성의 주인이라며 1980년에 달 대사관을 만들고 지금까지 사람들에게 달과 화성의 땅을 팔고 있다. 그런 말도 안 되는 이야기를 듣고 누가 땅을 사겠나 싶지만 놀랍게도 이미 많은 사람들이 달과 화성의 땅을 샀다. 달 한 조각은 약 25달러라고 한다. 변호사들은 호프가 화성의 소유권을 주장하면서 화성의 땅을 파는 것이 법에 어긋나지는 않는다고 말한다. 실제 개인이 다른 행성 소유권을 주장하는 것을 금지하는 법이 없기 때문이다.

영화 속 우주 전쟁

"우주 영화는 우주에서 전투하는 장면이 제일 재미있어. 멋진 우주선들이 넓은 우주를 **휘휘** 날아다니며 레이저를 쏘는 모습은 정말 근사하지 않아?"

랑이가 눈을 반짝이며 말했어요.

"마침 우주 전쟁에 대해 이야기하려던 참인데 생각이 통했구나, 삑삑. 〈스타워즈〉는 우주 전쟁을 그린 영화인데, 여러 편의 시리즈로 나와 있어. 그중 하나인 〈스타워즈 에피소드 1-보이지 않는 위험〉은 평화의 기사들이 우주 공화국을 위협하는 어둠의 기사를 **무찌르는** 이야기야."

"전투 장면이 많이 나오는 영화야?"

랑이가 마치 평화의 기사처럼 팔을 휘두르며 물었어요.

영화 〈스타워즈 에피소드 1〉 포스터
〈스타워즈〉 시리즈는 큰 성공을 거둔 영화로, 소설, 만화, 게임 등 문화의 영역으로까지 발전했다.

"응. 우주 공화국 중 하나인 나부 행성에서 전쟁이 일어나자 공화국에서는 이를 해결하려고 평화의 기사를 보내. 평화의 기사들은 나부 행성의 여왕을 구출하다가 우주선이 고장 나서 타투인 행성에 떨어져. 그런데 그곳에서 영리한 노예 소년 아나킨을 만나지. 평화의 기사들은 아나킨이 훌륭한 평화의 기사가 될 거라고 생각하고 아나킨을 데리고 공화국으로 돌아와. 하지만 그사이에 우주 공화국도 벌써 어둠의 기사들이 점

령하고 있었어. 그래서 평화의 기사들과 아나킨이 나부 여왕을 도와 어둠의 기사와 맞서 싸워."

"우아, 진짜 신나는 영화겠다!"

대장의 이야기를 들은 랑이가 호들갑을 떨었어요. 랑이는 〈스타워즈〉 같은 영화를 정말 좋아했어요.

"〈스타워즈〉 같은 공상 과학 영화를 보면 우주에서 벌어지는 전투 장면을 자주 볼 수 있어. 우주의 어떤 별을 탐험하다가 외계인을 만나 공격을 당해 싸움을 하기도 하고, 외계인이 지구로 쳐들어오면 이에 맞서 싸우기도 하지."

"우주선들이 우주를 날아다니며 싸우는 장면은 정말 멋질 거야!"

잔뜩 흥분한 랑이는 대장의 말이 끝나기도 전에 끼어들며 말했어요.

"조용히 좀 해. 대장 말 좀 듣자."

아리가 뿌루퉁한 목소리로 랑이에게 핀잔을 주었어요.

"〈스타워즈〉에서도 우주의 전투 장면을 보면 우주선들이 우주를 재빠르게 *이리저리 쌩쌩* 날아다녀. 그런데 우주선이 빠른 속도로 날아가다가 방향을 바꿀 때면 우주선 몸체를 한쪽으로 기울이면서 방향을 바꾸는 걸 볼 수 있어."

"알아, 알아. 적들이 쏘는 레이저를 피하려고 우주선을 조종하는 장면을 자주 봤어. 이렇게, 이렇게 획획!"

랑이는 양팔을 활짝 벌려 우주선 흉내를 내며 또 끼어들었어요.

"랑이 너 진짜 조용히 안 할래? 너 때문에 대장이 말을 못 하잖아."

이번에는 참다못한 아리가 소리를 **꽥** 질렀어요.

"미, 미안. 조용히 할게."

그제야 랑이는 머리를 긁적이며 잠잠해졌어요.

"그래, 랑이가 말한 그런 장면이야. 원래 비행기들이 방향을 바꿀 때면 몸체를 기울이면서 서서히 방향을 바꿔. 이것은 공기의 압력을 이용하기 위해서야. 그런데 사실 공기가 없는 우주 공간에서는 그럴 필요가 전혀 없어. 또 영화 속에서는 우주선들이 어마어마하게 요란한 소리를 내며 날아다니지만 사실 우주에는 소리가 없어. 우주에서는 소리의 진동을 전달할 물질이 거의 없어서 소리가 전해질 수 없기 때문이야."

"뭐야, 그럼 우주에서 싸우면 소리 없이 잠잠하겠네? 전투 장면은 영화에서처럼 '씽씽', '**우르릉 쾅쾅**' 소리가 나야 실감이 나는데 말이야."

랑이가 실망한 듯 말했어요.

대장은 랑이의 말에 웃으며 이야기를 계속했어요.

"지금은 영화 속의 이야기일 뿐이지만 아주 먼 미래에 전쟁이 일어난다면 〈스타워즈〉에서 본 전쟁처럼 우주에서 전쟁이 벌어질지도 몰라. 누구도 정확히 예측할 수는 없겠지만 확실한 것은 미래의 전쟁은 각종 첨단 무기와 전투 로봇, 무인 비행선, 인공위성과 컴퓨터를 이용한 엄청난 전쟁이 될 거라는 거야. 하지만 전쟁은 절대 일어나지 말아야 해. 만약 정말로 외계인을 만나게 된다면 우리 꼭 사이좋게 지내자고!"

"응, 꼭 그렇게 할 거야!"

아리와 랑이는 힘차게 대답했어요.

칙칙폭폭 우주 열차

"누구라도 한 번쯤은 우주여행을 꿈꾸어 보았을 거야. 우주를 여행하면서 미지의 별을 탐험하는 일은 상상만으로도 멋진 일이야."

"당연하지! 우주 정거장에 온 것만으로도 이렇게 좋은데, 여러 별들을 맘껏 다닐 수 있다면 얼마나 신나겠어?"

대장의 말에 아리가 흥분하며 말했어요.

"지금까지 본 적 없는 새롭고 신기한 세상을 경험하게 될 거야."

랑이도 들뜬 목소리로 맞장구를 쳤어요.

"너희들 〈은하철도 999〉라는 만화 영화를 아니? 철이라는 소년이 우주 열차 은하철도 999를 타고 안드로메다로 떠나는 만화 말이야. 철이는 은하철도 999를 타고 우주를 여행하면서 아주 다양하고 신비로운 일을 겪어. 여러 별에서 만난 외계인들의 이야기도 아주 흥미진진해."

"아, 우주를 다니는 열차가 실제로 있다면 나도 꼭 타고 싶다. 그럼 우주 곳곳에 있는 별이란 별은 다 여행해 볼 수 있을 거 아니야."

아리가 신이 나서 말했어요.

"정말 멋진 일이겠지. 그런데 실제로 안드로메다은하는 지구에서 무려

200만 광년이나 멀리 떨어져 있어. 안드로메다은하까지 간다는 것은 실제로는 거의 불가능한 일이야."

"그렇게나 멀어?"

"응. 안타깝게도 은하철도 999처럼 안드로메다 여행을 할 만큼 빠른 우주선이 없어. 그래서 현재의 기술로는 태양계 밖으로 우주여행을 떠나는 일이 불가능해."

대장의 말에 랑이는 잔뜩 실망했어요. 하지만 아리는 다시 눈을 반짝이며 물었어요.

"빛보다 빨리 날 수 있는 초광속 엔진을 만들어 날면 되지 않을까?"

"글쎄. 빛보다 빨리 날 수 있는 우주선이 가능할지는 잘 모르겠어. 이론상 빛보다 빠른 물질이 존재한다는 것은 불가능하거든."

"그럼 먼 우주로의 여행은 영영 불가능한 거야?"

대장의 설명에 아리는 풀이 죽은 목소리로 물었어요.

"너무 실망하지 마. 불과 백 년 전만 해도 지구 밖을 나갈 수 있을 거라고 아무도 생각하지 못했지만 짧은 시간에 우주 과학은 놀랄 만큼 성장했어. 안드로메다은하처럼 먼 우주 여행을 떠나는 것은 아직 불가능하지만 여기에 우주 정거장도 만들었잖아. 그러니 곧 너희들이 자유롭게 우주를 여행할 수 있는 날도 오지 않을까?"

안드로메다은하
우리 은하와 비슷하게 생긴 나선 은하이다.
지름이 약 15만 광년이며, 3천억 개의
별들로 이루어져 있다고 추측된다.
지구에서 맨눈으로 볼 수도 있다.

다음에 꼭 다시 만나!

　이제 지구로 돌아가야 할 시간이 되었어요. 아리와 랑이는 마지막으로 우주 정거장을 둘러보았어요. 지구로 돌아갈 시간이 다가올수록 아쉬운 마음이 커졌어요.

　"우리 꼭 멋진 우주 탐사 대원이 되어서 우주에 다시 오자."

　랑이가 아리를 돌아보며 말했어요. 아리는 **힘차게** 고개를 끄덕였어요.

　"자, 이제 우주선을 타야 할 시간이야."

　"우주 정거장, 잘 있어! 나중에 꼭 다시 올게!"

　아리와 랑이는 마지막으로 우주 정거장과 작별 인사를 하고 우주 왕복선에 올라탔어요. 우주 왕복선은 곧 지구에 도착했어요.

　"**신비로운** 우주 탐사 여행이 이제 끝났어. 그동안 나를 믿고 함께해 주어서 정말 고마워. 너희들이 내 말을 잘 따라 준 덕분에 무사히 우주 탐사를 마칠 수 있었어. 삐삑."

　우주 연구소에 도착하자 대장이 말했어요. 이제 대장과도

작별을 해야 할 시간이었어요.

"우주 탐사는 생각했던 것보다 훨씬 멋졌어."

"대장 덕분에 우주에 대해서 잔뜩 알게 됐어. 정말 고마워."

아리와 랑이는 대장에게 고마운 마음을 전했어요.

"나중에 꼭 다시 만나서 셋이 함께 또 우주여행을 할 수 있기를 바라."

대장이 아쉬운 목소리로 인사했어요.

"좋아, 다음번에는 우리 셋이서 누구도 가 보지 못한 새로운 행성에 나가
보는 거야!"

아리가 씩씩한 목소리로 말했어요.

"그때는 내가 아무리 먼 우주라도 금세 날아갈 수 있는 아주 빠른
우주선을 만들어 놓을게."

랑이도 다짐하듯 말했어요.

"삑삑, 정말 고마워. 그때까지는 절대 고장 나면 안 되겠네."

아리와 랑이의 말에 대장은 기뻐하며 크게 웃었어요.

Q | 영화 〈콘택트〉에서 외계인은 어떻게 신호를 보냈을까?

A | 영화 〈콘택트〉에는 미국 항공 우주국의 '외계 지적 생명체 탐사 계획'이 등장한다. 지구 밖에 있는 행성에 인간과 같이 진화된 생물이 있는지를 탐사하는 계획이다. 과학자들은 외계 문명이 있다면 신호를 보낼 것이라 생각하고 외계인이 보내는 전파 신호를 잡기 위해 전파 망원경으로 탐색을 시작했다. 〈콘택트〉의 주인공 앨리가  외계인의 존재를 알게 되는 것도 외계인이 보낸 전파 신호를 통해서이다. 전파 신호는 적은 비용으로도 보낼 수 있고, 기초적인 기술만 있어도 가능하기 때문에 외계인이 지능을 가지고 있다면 전파 신호를 통해 은하 전체와 교신할 수 있을 것이다.

Q | 우주 영화 속에 나오는 첨단 무기 중 실제로 만든 것이 있을까?

A | 영화 속 우주 전쟁에 등장하는 무기 중 하나인 레일 건은 실제로 존재하는 무기이다. 레일 건은 두 레일 사이에 강한 전류를 흐르게 해서 그곳에서 생기는 강한 전기의 힘으로 포탄을 쏘는 무기이다. 전류가 흐르면 자기장이 형성되는데 이 자기장이 포탄을 빠른 속도로 발사시킨다. 레일 건의 포탄은 일반 포탄보다 훨씬 빠른 속도로 발사되기 때문에 그만큼 위력이 세다. 그런데 영화 속에 등장하는 레일 건은 작고 날렵하지만 실제 레일 건은 엄청나게 크다. 레일 건이 포탄을 쏘기 위해서는 강한 전력 공급기가 있어야 하기 때문에 실제 레일 건의 크기가 클 수밖에 없다.

일반인 중에서 우주여행을 떠난 사람이 있을까?

 2001년 4월 28일 미국인 데니스 티토는 일반인 중 처음으로 자신의 돈을 들여서 우주 관광을 떠났다. 데니스는 우주선을 타고 약 8일간 우주여행을 하여 국제 우주 정거장까지 다녀왔다. 실제로

그가 우주에서 한 일은 우주선 내부를 둘러보고 사진 촬영을 하고 오페라를 들은 것뿐이었다. 하지만 우주여행을 다녀온 그는 인생 최고의 시간을 보냈다고 말했다.

외계인을 어떻게 찾을까?

외계인을 찾기 위한 방법 중 하나는 우주 탐사선에 우리의 존재를 알리기 위한 장치를 싣는 것이다. 1972년에 지구를 떠난 파이어니어 10호에는 남자와 여자의 모습을 표시한 금속판을 실었다. 1977년에 발사한 보이저 1호와 2호에도 지구의 여러 가지 소리와 모습을 담은 구리 원판이 실렸다. 또 다른 방법으로 과학자들은 전파 망원경을 이용해서 우주를 향해 전파를 쏘아 보냈으며, 외계인들이 지구로 전파 신호를 보낼 경우를 대비하여 우주에서 오는 전파 분석에도 힘을 쏟고 있다.

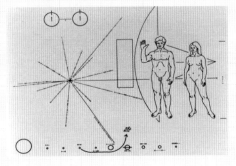

파이어니어 10호에 실린 그림

핵심 용어

공전
한 천체가 일정한 간격을 두고 다른 천체의 둘레를 되풀이하여 도는 일. 행성이 태양의 둘레를 돌거나 위성이 행성의 둘레를 도는 일 등을 말함.

광년
천체와 천체 사이의 거리를 나타내는 단위. 1광년은 약 9조 4,608억 km로 빛이 초속 30만 km의 속도로 1년 동안 나아가는 거리를 나타냄.

국제 우주 정거장
미국과 러시아 등 세계 16개국에서 참여하여 건설 중인 우주 정거장. 우주 정거장은 지구 궤도에 건설되는 대형 우주 구조물로서 사람이 생활하면서 우주 실험이나 우주 관측을 하는 기지를 뜻함.

궤도
행성, 인공위성 등이 중력의 영향으로 다른 천체의 둘레를 돌면서 그리는 일정한 길.

대적점
목성의 남쪽 부근에서 붉은색으로 보이는 타원형의 긴 반점. 대적점은 타원 모양의 태풍과 같은 것으로 목성의 빠른 자전에 의한 대기 현상임.

도킹
우주 공간에서 인공위성, 우주선 등이 서로 결합하는 일을 말함.

무중력
지구가 물체를 끌어당기는 힘인 중력이 없는 것처럼 느끼는 현상. 지구 위에서 멈추어 있는 물체는 중력을 받지만, 우주 공간이나 지구 주위를 돌고 있는 인공위성 등의 내부에서는 무중력 상태가 됨.

블랙홀
별이 폭발할 때 반지름이 엄청난 수축을 일으켜 밀도가 매우 증가하고 중력이 굉장히 커진 천체. 이때의 중력을 벗어나기 위해 필요한 탈출 속력은 빛의 속력보다 커서 빛도 빠져나오지 못한다고 알려져 있음.

안드로메다은하
안드로메다자리에 있는 나선 모양의 은하. 밝기는 5등급이고, 지구에서의 거리는 약 200만 광년이며 우리 은하계보다 조금 큼.

우주복
우주에서 사람의 몸을 보호할 수 있게 만들어진 옷. 몸에 적당한 압력과 온도를 유지해 주고 식사, 통신 등이 가능하도록 특수하게 만들어짐.

우주 왕복선
사람이 탈 수 있는 우주선으로 반복하여 사용할 수 있음. 1981년에 미국 항공 우주국(NASA)이 개발하여 발사한 컬럼비아호를 시작으로 하여 챌린저호, 디스커버리호, 애틀랜티스호 등이 발사됨.

우주 유영

우주 비행사가 우주 공간을 비행하는 중에 우주선 밖으로 나와 무중력 상태에서 행동하는 일.

우주 탐사선

다른 행성을 탐사하기 위한 목적으로 우주로 쏘아 올린 비행 물체. 보통 사람이 타지 않은 무인 우주선을 말함.

위성

지구에서 사람이 로켓을 쏘아 올려 지구나 우주에 있는 다른 천체의 둘레를 돌도록 만든 물체. 태양계 중에는 지구, 화성, 목성, 토성, 천왕성, 해왕성이 위성을 가지고 있다고 알려져 있음.

인공위성

지구 등의 행성 둘레를 돌도록 로켓을 이용하여 쏘아 올린 인공의 장치. 목적과 용도에 따라 과학 위성, 통신 위성, 군사 위성, 기상 위성 등으로 분류함. 우리나라의 인공위성으로는 아리랑호, 무궁화호 등이 있음.

자전

지구와 같은 천체가 자전축을 중심으로 하여 스스로 도는 것을 말함. 지구는 서쪽에서 동쪽으로 하루에 한 바퀴씩 자전함.

천문단위

태양계 내의 천체 사이의 거리를 나타내는 단위로, 보통은 태양과 지구와의 평균 거리를 이름. 1천문단위는 약 1억 4,960만 km를 나타냄.

천체

우주를 이루고 있는 항성, 행성, 위성, 혜성, 성운, 인공위성 등을 모두 합해 이르는 말.

태양계

태양과 태양을 중심으로 돌고 있는 행성, 위성, 왜행성, 혜성, 유성 등으로 이루어진 공간.

행성

중심 별 주위를 돌며 스스로 빛을 내지 않는 천체. 태양계에는 수성, 금성, 지구, 화성, 목성, 토성, 천왕성, 해왕성의 여덟 개 행성이 있음.

허블 우주 망원경

미국 항공 우주국(NASA)과 유럽 우주국(ESA)이 개발한 우주 망원경. 지구에 설치된 고성능 망원경들과 비교해 해상도는 10~30배, 감도는 50~100배로, 지구 상에 설치된 망원경보다 50배 이상 미세한 부분까지 관찰할 수 있음.

혜성

태양계 안에서 긴 꼬리를 끌며 타원이나 포물선 모양으로 태양의 둘레를 도는 천체.